FORSCHUNGSBERICHTE
DES WIRTSCHAFTS- UND VERKEHRSMINISTERIUMS
NORDRHEIN-WESTFALEN

Herausgegeben von Staatssekretär Prof. Dr. h. c. Leo Brandt

Nr. 352

Dr.-Ing. Hermann Fauser
Institut für Bergwerks- und Hüttenmaschinenkunde der Technischen Hochschule Aachen
Institutsdirektor Professor Dr.-Ing. Heinrich Koch

Fahrdynamik und Batterie-Arbeitsverbrauch von Akkumulatorenlokomotiven im Untertagebetrieb

Als Manuskript gedruckt

WESTDEUTSCHER VERLAG / KÖLN UND OPLADEN

1957

ISBN 978-3-663-03642-5   ISBN 978-3-663-04831-2 (eBook)
DOI 10.1007/978-3-663-04831-2

Forschungsberichte des Wirtschafts- und Verkehrsministeriums Nordrhein-Westfalen

Gliederung

Einführung .... S. 7
A. Versuchsdurchführung und Meßeinrichtung .... S. 8
    I. Versuchsdurchführung .... S. 8
    II. Beschreibung der Meßeinrichtung .... S. 9
    III. Meßgenauigkeit der Instrumente .... S. 14
    IV. Auswertegenauigkeit .... S. 15
B. Der Fahrwiderstand .... S. 16
    I. Allgemeines über den Fahrwiderstand .... S. 16
        1. Grundsätzliches .... S. 16
        2. Die Zugkraft .... S. 16
            a) Definition .... S. 16
            b) Komponenten .... S. 17
        3. Der Fahrwiderstand .... S. 17
            a) Definition .... S. 17
            b) Die Komponenten .... S. 18
        4. Der Grundfahrwiderstand .... S. 19
            a) Die Lagerreibung .... S. 19
            b) Der Rollwiderstand .... S. 21
    II. Meßmethoden zur Ermittlung des Fahrwiderstands ...... S. 21
        1. Meßmethoden .... S. 21
            a) Ermittlung aus dem Beharrungsabschnitt .... S. 21
            b) Ermittlung aus dem Auslaufabschnitt .... S. 22
                1) mit schreibendem Geschwindigkeitsmesser .... S. 22
                2) ohne schreibenden Geschwindigkeitsmesser ... S. 22
        2. Wertung der Meßmethoden .... S. 22
    III. Durchführung und Ergebnis der grundsätzlichen Fahrwiderstandsuntersuchung unter vorbildlichen Verhältnissen auf Schachtanlage 1 .... S. 23
        1. Kennzeichnung der Strecke .... S. 23
        2. Beschreibung des Förderwagens und des Lagers ..... S. 24
        3. Ziel der grundsätzlichen Untersuchung .... S. 24
        4. Untersuchungsdurchführung .... S. 24
            a) Außerhalb der Förderung .... S. 24
            b) In der Förderung .... S. 31

c) Wagengewicht und Schmierzustand . . . . S. 31

5. Ergebnis . . . . S. 31

   a) Fahrwiderstand von Leer- und Kohlenwagen
mit Streubereich . . . . S. 31

   b) Fahrwiderstand von Akkumulatorenlokomotiven . . . S. 34

   c) Abhängigkeit des Fahrwiderstands von der
Geschwindigkeit . . . . S. 35

   d) Einfluß der Zuglänge auf den Zugfahrwiderstand . . S. 35

   e) Anhaltswerte über den Fahrwiderstand gedrückter
Wagen . . . . S. 36

   f) Einfluß von Luftwiderstand und Wettergeschwindigkeit . . . . S. 37

   g) Anfahrwiderstand . . . . S. 38

6. Fahrwiderstandswerte für den Förderbetrieb . . . . . . S. 38

IV. Durchführung und Ergebnis von Fahrwiderstandsmessungen
auf anderen Schachtanlagen . . . . S. 38

1. Änderung der Meßmethode . . . . S. 38

2. Ergebnis auf der Schachtanlage 2 . . . . S. 40

   a) Kennzeichnung der Strecke und Förderwagen . . . . . S. 40

   b) Ergebnis . . . . S. 41

3. Ergebnis auf Schachtanlage 3 . . . . S. 41

   a) Kennzeichnung der Strecke und Förderwagen . . . . . S. 41

   b) Ergebnis . . . . S. 44

4. Ergebnis auf Schachtanlage 4 . . . . S. 48

   a) Kennzeichnung der Strecke und Förderwagen . . . . . S. 48

   b) Ergebnis . . . . S. 49

V. Kurze Zusammenfassung und Vergleich der Ergebnisse . . . S. 49

1. Vergleich der Förderwagen mit Kegellagerradsatz
um 1 000 l . . . . S. 49

2. Ergänzender Vergleich zwischen 1 000 l-Wagen mit
Kegellager- bzw. Walzenlagerradsatz und 3 000 l-Wagen. S. 52

   a) Vergleich zwischen Kegel- und Walzenlagerradsatz. . S. 52

   b) Vergleich zwischen 1 000 l- und 3 000 l-Wagen . . . S. 54

3. Fahrwiderstand in Kurven . . . . S. 54

VI. Vergleich der Meßergebnisse mit früheren Untersuchungen S. 54

C. Die Berechnung der Fahrdiagramme und der Fahrbetriebswerte . . S. 57
   I. Die Lokomotivkennlinien . . . . S. 57
      1. Grundsätzliches über Akkumulatorlokomotiven . . . . . S. 57
         a) Motor . . . . S. 57
         b) Regelung . . . . S. 58
      2. Ermittlung der Lokomotivkennlinien . . . . S. 59
      3. Kurze Diskussion der Lokomotivkennlinien
         und ihrer Genauigkeit . . . . S. 60
   II. Der Zugablauf im Kennlinienfeld . . . . S. 61
      1. Allgemeines über die Lokomotivzugkraft . . . . S. 61
      2. Der Schaltvorgang im Kennlinienbild . . . . S. 62
         a) Schalten vom Stillstand auf die
            Einschaltstufe . . . . S. 62
         b) Das Hochschalten . . . . S. 63
         c) Das Zurückschalten . . . . S. 63
         d) Das Abschalten . . . . S. 64
         e) Beliebige Schaltungsweise . . . . S. 65
      3. Zugablauf im Kennlinienbild . . . . S. 65
   III. Die Berechnung des Zugablaufes aus dem Kennlinienbild
        bei S = konst. . . . . S. 67
      1. Berechnung des Diagramms $v = f(t)$ . . . . S. 67
      2. Bestimmung des Leistungsdiagramms $N_{El} = f(t)$ bzw.
         des Zugkraftdiagramms $Z = f(t)$ . . . . S. 68
      3. Berechnung eines Beispiels bei vorgegebenem
         Fahrdiagramm . . . . S. 69
      4. Berechnung des Fahrdiagramms auf Grund der Kenn-
         linie $F = f(v)$ . . . . S. 69
      5. Berechnung des Fahrdiagramms bei beliebiger
         Schaltungsweise . . . . S. 73
   IV. Berechnung des Zugablaufs aus dem Kennlinienfeld bei
       S ≠ konst. . . . . S. 78
      1. Einfluß des Geländes auf den Zugablauf . . . . S. 78
      2. Zuglänge klein gegen Strecken S = konst. . . . . S. 78
         a) Verhältnisse an der Knickstelle . . . . S. 79
         b) Auswirkungen auf den Zugablauf . . . . S. 79

c) Berechnung des Zugablaufs, wenn die Knickstelle ohne Änderung der Fahrstufe durchfahren wird . . S. 79

d) Berechnung des Zugablaufs bei Änderung der Fahrstufe an der Knickstelle . . . . S. 82

3. Zuglänge groß gegen Strecken S = konst. . . . . S. 84

a) Die mittlere Steigungszugkraft Z_{Sm} . . . . S. 84

b) Berechnung des Zugablaufs für eine bestimmte Fahrstufe . . . . S. 85

c) Berechnung des Zugablaufs bei Änderung der Fahrstufe . . . . S. 85

d) Berechnung eines Beispiels . . . . S. 86

4. Vereinfachte Berechnung des Fahrdiagramms . . . . . . S. 88

a) Berechnung der mittleren Verbrauchswerte . . . . . S. 89

b) Berechnete Beispiele . . . . S. 91

V. Der spezifische und absolute elektrische Zugarbeitsverbrauch . . . . S. 96

1. Der spezifische Arbeitsverbrauch, die Kurven $A_{spez} = f(Z)$ . . . . S. 96

2. Die Bestimmung des absoluten Arbeitsverbrauchs . . . . S. 96

3. Beispiele für die überschlägige Berechnung des elektrischen Arbeitsverbrauchs . . . . S. 98

D. Zusammenstellung der aufgenommenen Lokomotiv-Kennlinien . . . S. 98

E. Kurze Zusammenfassung . . . . S. 138

F. Anhang . . . . S. 141

I. Benutzte Formelzeichen . . . . S. 141

II. Literaturverzeichnis . . . . S. 143

Forschungsberichte des Wirtschafts- und Verkehrsministeriums Nordrhein-Westfalen

E i n f ü h r u n g

Im Hauptstrecken- und Abbaustrecken-Fahrbetrieb des deutschen untertägigen Bergbaus ist der Einsatz von Druckluftlokomotiven, Fahrdrahtlokomotiven (nur in Hauptstrecken), Akkumulatorenlokomotiven und Diesellokomotiven üblich, wobei die vorgenannte Reihenfolge der Lokomotivarten die verwendete Anzahl im Steinkohlenbergbau kennzeichnet. Von den im Ruhrkohlenbergbau insgesamt eingesetzten 4800 Lokomotiven sind ungefähr 1070 Akkumulatorenlokomotiven. Da diese Lokomotivart durch relativ hohe Anschaffungskosten belastet ist, erscheint es besonders wichtig, alle Möglichkeiten auszuschöpfen, um ihre Gesamtwirtschaftlichkeit sicherzustellen, damit die mit ihrem Einsatz verbundenen betrieblichen Vorteile ohne Einschränkung wahrgenommen werden können. Die Wirtschaftlichkeit der Akkumulatorenlokomotive ist in hohem Maße abhängig von dem planvollen organisatorischen Einsatz, der zweckmäßigen Bemessung des Maschinenteils und der Batteriekapazität sowie der vollen Ausnutzung des Speichervermögens im Betrieb. Bisher sind die für die Planung und den Einsatz der Akkumulatorenlokomotiven vorhandenen Unterlagen nicht ausreichend genau und vollkommen genug, um diese für die Wirtschaftlichkeit entscheidenden Bedingungen genügend beachten zu können.

Ziel der nachfolgenden Untersuchung sollte es sein, diese Unterlagen unter Betriebsbedingungen im untertägigen Verkehr zu gewinnen. Die Durchführung dieser Untersuchungen, die im Aufgabenbereich des Instituts für Bergwerks- und Hüttenmaschinenkunde der Technischen Hochschule Aachen liegen, wurde angeregt und ermöglicht durch den Direktor des Instituts, Herrn Professor Dr.-Ing. H. KOCH, für dessen Hilfe und Unterstützung an dieser Stelle herzlich gedankt sei. Die Messungen untertage sowie die umfangreichen Auswertungsarbeiten waren mit besonderen Schwierigkeiten und erhöhtem Aufwand verbunden. Die Voraussetzung für die Inangriffnahme wurde durch die finanzielle Unterstützung von Seiten des Herrn Ministers für Wirtschaft und Verkehr des Landes Nordrhein-Westfalen geschaffen, mittels der die gesamte erforderliche Meßeinrichtung beschafft und ein Teil der Auswertungsaufwendungen finanziert werden konnte. Außerdem haben sich in dankenswerter Weise verschiedene Firmen an der Deckung der im Laufe der Untersuchungsdurchführung entstandenen Kosten beteiligt. Besonderer Dank gebührt auch den Zechen, die die Erschwernisse und Belästigungen, die mit der Durchführung der Messungen innerhalb und außerhalb der normalen Förderung zwangläufig

Forschungsberichte des Wirtschafts- und Verkehrsministeriums Nordrhein-Westfalen

verbunden sind, nicht nur in Kauf nahmen, sondern in jeder Beziehung tatkräftige Hilfe leisteten. Der gute Wille und das große Interesse der betriebsführenden Zechenbeamten an der Aufgabe ermöglichten die Schaffung der erforderlichen Versuchsmittel und trugen entscheidend zum erfolgreichen Abschluß der Untersuchungen bei.

A. Kurze Beschreibung der Versuchsdurchführung und der Messeinrichtung

I. Versuchsdurchführung

Für die Durchführung der Untersuchung an den Akkumulatoren-Lokomotiven (Akku-Lok) wurde auf jeder der zu untersuchenden Zechen ein normaler leerer Förderwagen als Meßwagen hergerichtet. In diesen wurden die nachstehend im einzelnen besprochenen Meßinstrumente eingebaut, die soweit als möglich durch große Gummischwämme und durch Schwingmetallaufhängung gegen die starken mechanischen Beanspruchungen des untertägigen Förderbetriebs geschützt wurden. Um die von der Lokomotive auf den Zug übertragene Zugkraft messen zu können, wurde der Meßwagen jeweils hinter der Maschine mitgeführt. Bei sämtlichen Meßfahrten, die einer Gesamtstrecke von etwa 1500 km entsprachen, fuhr der Verfasser selbst im Meßwagen mit.

Abbildung 1 (s.S. 9) zeigt einen als Meßwagen aufgebauten Förderwagen von 900 l Inhalt; Abbildung 2 (s. S. 10) zeigt die Anordnung der Meßinstrumente in einem Förderwagen von 1180 l Inhalt.

Die Untersuchungen an den Lokomotiven gliederten sich auf jeder Schachtanlage im wesentlichen in zwei Gruppen:

1) Fahrten in der Förderung. Diese dienten in erster Linie der lückenlosen Beobachtung des Förderablaufs und dessen statistischer Erfassung sowie der Gewinnung von betriebsmäßigen Verbrauchs- und Ausnutzungszahlen. Soweit möglich und erforderlich, wurden diese Fahrten auch zur Fahrwiderstandsbestimmung und zur Entwicklung der Lok-Kennlinien herangezogen.

2) Fahrten außerhalb der Förderung. Die Fahrten außerhalb der Förderung wurden meist nachts oder an Sonntagen durchgeführt und hatten den Zweck, genaue Unterlagen für die Lokomotiv-Kennlinien, die Fahrwiderstandsermittlung sowie andere interessierende Zusammenhänge zu liefern. Bei diesen Schulfahrten wurde auf genau festgelegten und bekannten Streckenabschnitten

A b b i l d u n g   1

Als Meßwagen aufgebauter 900 l-Wagen
Links unten die Steckverbindungen für das Einschalten
des Stromschreibers in den Stromkreis der Lokomotive

ein ganz bestimmtes Programm gefahren, das sich aus dem jeweiligen Untersuchungszweck zwangläufig ergab.

II. Beschreibung der Meßeinrichtung

Die in dem Meßwagen eingebauten Meßinstrumente umfaßten einen Spannungsschreiber, einen Stromschreiber, einen Geschwindigkeitsschreiber und einen hydraulischen Zugkraftmesser.

1) Der Spannungsschreiber schrieb die Batteriespannung. Da wegen Platzmangels oder wegen Ausfalls von Instrumenten ein Mitschreiben der Spannung nicht immer möglich war, wurde in diesen Fällen wenigstens die Abhängigkeit der Batteriespannung vom Entladestrom für einen mittleren Entladezustand der Batterie ermittelt.

2) Der Stromschreiber schrieb den der Batterie entnommenen Strom mit, und zwar bei ungeteilten Batterien den Gesamtstrom, bei geteilten Batterien den einer Batteriehälfte entnommenen Strom. Die Beschränkung auf die Messung des Stroms in nur einer Batteriehälfte war aus verschiedenen Gründen erforderlich. Einmal sollte die Lokomotive während der Versuchsfahrten, die ja zum großen Teil in der normalen Förderung gemacht wurden, grundsätzlich schlagwettergeschützt bleiben, so daß ein Einschalten des Strom-

Forschungsberichte des Wirtschafts- und Verkehrsministeriums Nordrhein-Westfalen

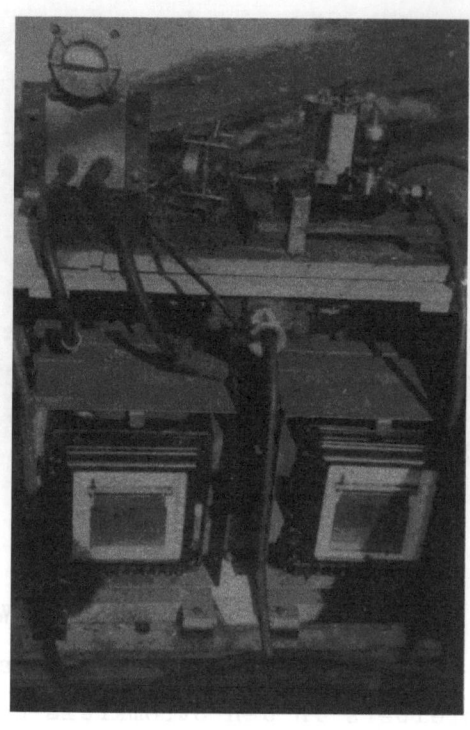

Abbildung 2

Blick in einen als Meßwagen aufgebauten 1180 l-Wagen. Unten die elektrischen Schreibgeräte für Strom und Spannung, bzw. Zuggeschwindigkeit, oben rechts der Schreiber des hydraulischen Zugkraftmessers mit Uhrwerk. Links schlagwettergeschützter Kapazitätsanzeiger Bauart "Witte"

schreibers in den Fahrschalter oder in einen der Motoren sehr schwierig gewesen wäre. Zum anderen ließ sich bei den meisten modernen Schaltungen kein Punkt im Fahrschalter finden, durch den stets der gesamte aus der Batterie entnommene Strom fließt und der ohne weiteres hätte aufgelöst werden können. Gegen die Einschaltung des Stromschreibers unmittelbar an einen Motor sprach neben dem oben erwähnten Grund auch noch die Möglichkeit einer verschiedenen Stromaufnahme der Motoren bei mehrmotorigen Loks in den Stufen, in denen sie parallel geschaltet sind. Um den Förderablauf möglichst wenig zu stören, mußte der elektrische Anschluß außerdem so ausgeführt sein, daß bei einem Fahrtrichtungswechsel der Meßwagen schnell umgehängt werden konnte. Aus all diesen Gründen wurde der Strom in einer Batteriehälfte gemessen und der Nebenwiderstand des Stromschreibers durch normale Batteriesteckverbindungen in diese eingeschaltet. Beim Umhängen bzw. Ausrangieren des Meßwagens brauchten somit nur 4 Steckverbindungen gelöst und die Maschinenstecker in die zugehörigen Batteriedosen gesteckt zu werden, um die Lokomotive sofort wieder voll fahrbereit zu haben.

Der Querschnitt der Zuführungsleitungen zum Nebenwiderstand war stets mindestens so groß, daß der Spannungsabfall auf diesen bei den höchsten, im Normalbetrieb nur kurzzeitig in den Schaltspitzen auftretenden Strömen um maximal 1 Volt lag. Dies bedeutet bei den höchsten Belastungen einen Leistungsverlust von maximal 1,5% der entnommenen Leistung in der Zuführungsleitung kleiner Maschinen, während er bei großen Maschinen immer unter 1% lag. Da die oben zugrunde gelegten hohen Belastungen im Betrieb nur selten auftreten und der prozentuale Fehler proportional dem Strom abnimmt, kann dieser Meßfehler im Rahmen der bei einer Betriebsmessung zu erwartenden Meßgenauigkeit ohne weiteres vernachlässigt werden.

Die Messung des Stromes in einer Batteriehälfte hat den Nachteil, daß bei der Auswertung der Meßergebnisse die stillschweigende Voraussetzung gemacht werden muß, daß in den Schaltstufen, in denen die Batteriehälften parallel geschaltet sind, durch die nicht gemessene Batteriehälfte ein Strom derselben Stärke fließt wie durch die gemessene. Diese Annahme ist nicht ohne weiteres gerechtfertigt. Als Grenzfall läßt sich denken, daß der Nocken im Fahrschalter, der die 2. Batteriehälfte parallel zur ersten schalten soll, nicht schließt und der gesamte von der Lokomotive geforderte Strom nur der einen Batteriehälfte entnommen wird. Liegt diese Batteriehälfte zufällig im Meßkreis, so ist der gemessene Strom ungefähr doppelt so groß wie normal und führt zu falschen Ergebnissen; liegt sie nicht im Meßkreis, so ist der Fehler selbstverständlich sofort zu erkennen, da die Lokomotive dann Arbeit leistet, ohne daß ein Strom angezeigt wird. Wie sich im Verlauf der Untersuchung ergab, sind solche Fehler im Fahrschalter gar nicht selten. Sie sind besonders dann schwer zu erkennen, wenn es sich um Lokomotiven handelt, die nach Art von untersuchten elektrisch gekuppelten Doppellokomotiven zweimal zwei Batteriehälften, also insgesamt 4 Batteriehälften auf den unteren Stufen parallel schalten. Da die unteren Stufen im allgemeinen nur zum Anfahren, also kurzzeitig benutzt werden, macht sich ein solcher Fahrschalterdefekt nicht durch ungleiche Entladung der Batteriehälften, also nicht durch einen meßbaren Säuredichteunterschied, bemerkbar und kann somit praktisch nur durch Zufall oder bei einer gründlichen Überholung entdeckt werden. Von einem restlosen Versagen des Fahrschalters beim Parallelschalten über ungleich arbeitende Kontakte in diesem, schlecht sitzende Sicherungen in den Steckverbindungen und den damit verbundenen verschiedenen Übergangswiderständen bis zu Unterschieden in den Verkabelungslängen und verschiedenem Betriebsverhalten der beiden Batteriehälften selbst, gibt es zahlreiche Möglichkeiten für einen mehr oder weniger großen Unterschied in der Stromabgabe zweier Batteriehälften in Parallelschaltung, die für die Praxis kaum von Bedeutung sind, für Messungen jedoch ins Gewicht fallen können. Der Einfluß solcher, im einzelnen nicht nachprüfbaren Meßungenauigkeiten wurde dadurch praktisch ausgeschaltet, daß den nachstehend entwickelten Lokomotiv-Kennlinien eine außergewöhnlich große Zahl von Meßfahrten zu Grunde gelegt werden konnte, die mit verschiedenen Batterien und zum Teil auch mit verschiedenen Lokomotiven derselben Type gefahren wurden, so daß die hieraus ermittelten Kurven als sehr genau im Rahmen der allgemeinen Meßgenauigkeit angesehen werden können.

3) Der Geschwindigkeitsschreiber, der die Geschwindigkeit des Zuges mitschrieb, wurde durch einen Wechselstromtourengeber betätigt. Hierbei war der Tourengeber in der in Abbildung 3 gezeigten Weise an einem Hebelarm drehbar gelagert und wurde mit seinem Laufrad durch eine Feder an den Laufkranz oder den Spurkranz eines Wagenrads des Meßwagens angepreßt. Ein Schlupf ließ sich bei dieser Reibungsübertragung nicht nachweisen. Bei schlechter Gleislage hatte ein gelegentlich vorkommendes Abheben dieses Wagenrads ein sofortiges Zurückgehen des Ausschlags auf Null zur Folge. Dies konnte auch

Abbildung 3

Anbringung des Tourengebers am Meßwagen

bei gutem Gestänge eintreten, wenn schwere Züge zurückgedrückt wurden und einzelne Räder des leichteren Meßwagens dabei angehoben wurden. Da dieses Anheben jedoch immer nur kurzfristig erfolgte, ließ sich die tatsächliche Geschwindigkeitskurve in jedem Fall ohne Schwierigkeit rekonstruieren.

Dagegen zeigte sich ein Anbringen des Tourengebers an einem Rad der Lokomotive als sehr unzweckmäßig, da sich der tatsächliche Geschwindigkeitsverlauf kaum rekonstruieren ließ, wenn die Lokomotivräder in nassen Streckenabschnitten mehr oder weniger stark schleuderten.

4) Der hydraulische Zugkraftschreiber gestattete mit seinen 5 verschiedenen Meßbereichen von 300 bis zu 1600 kg eine sehr genaue Verfolgung der von der Lok an den Zug abgegebenen Zugkraft. Dieses Meßgerät bestand aus einem Drucktopf und einem Schreiber, die durch die Öldruckleitung verbunden waren. Der zwischen die Kupplung einzuschaltende Meßtopf wurde in der in Abbildung 4 gezeigten Weise an der einen Stirnseite des Meßwagens in einem Rahmenpuffer so angebracht, daß er auf Zug sofort ansprach, während er beim Zusammenlaufen der Wagen entlastet wurde.

A b b i l d u n g   4

Rahmenpuffer an der Stirnseite des Meßwagens mit
eingebautem Drucktopf des Zugkraftschreibers
und der Ölleitung zum Schreibgerät

Forschungsberichte des Wirtschafts- und Verkehrsministeriums Nordrhein-Westfalen

Der Schreiber war in Indikatorbauweise aufgebaut; sein Vorschub erfolgte entweder über eine biegsame Welle und ein Vorgelege von einem Wagenrad des Meßwagens aus oder wurde durch ein Uhrwerk bewirkt. Die Zugkraft wurde somit je nach Bedarf entweder in Abhängigkeit von der Entfernung oder von der Zeit geschrieben.

5) Die gefahrene Entfernung wurde in mehrfacher Weise gemessen und kontrolliert:

Durch Entferungsmarkierungen in der Strecke selbst, die bei jedem Halt in die Diagrammstreifen eingetragen wurden;

durch Planimetrieren der Flächen des Geschwindigkeitsschreibers;

durch Berechnen aus dem Zugkraftdiagramm, soweit dieses auf den Weg bezogen war;

durch einen zusätzlichen Umdrehungszähler, der von einem Wagenrad des Meßwagens aus mit einer biegsamen Welle angetrieben wurde und auf dem am Ende der Meßfahrten eines Tages die gefahrene Gesamtentfernung abgelesen werden konnte.

III. Meßgenauigkeit

1. Elektrische Meßinstrumente

Bei den eingesetzten elektrischen Meßinstrumenten handelte es sich um tragbare Schreiber mit einer Klassengenauigkeit von 1,5%. Der Nullpunkt lag bei allen Instrumenten links, so daß der 12 cm breite Diagrammstreifen voll ausgenützt werden konnte. Die Schreiber waren Vielfachinstrumente; ein gegenseitiger Austausch war daher jederzeit möglich. Die Instrumente wurden während der Untersuchungspausen jeweils geprüft und nachgeeicht. Trotz der starken Erschütterungen, die durch Schwingungsdämpfung nur gemildert werden konnten, hielten die Geräte bis zum Schluß der Untersuchung ihre Klassengenauigkeit von 1,5% ein. Die Eichung des Geschwindigkeitsschreibers fand in der Weise statt, daß der Tourengeber von einem durch Vorgelege in Stufen regelbaren Synchronmotor angetrieben wurde. Hierbei ergaben sich für die Eichpunkte genau definierte Drehzahlen, und man vermied eine Drehzahlbestimmung durch Vergleich mit den im Verhältnis hierzu sehr ungenauen Handtachometern oder Stroboskopen.

2. Hydraulischer Zugkraftmesser

Auch der hydraulische Zugkraftmesser wurde vor Beginn und nach Beendigung der Meßfahrten auf einer Zerreißprüfmaschine überprüft. Hierbei wurde ein geringfügiger Unterschied zwischen der Aufwärts- und Abwärtseichung festgestellt, der in der Hysterese der Federn begründet ist und sich bei den einzelnen Federn verschieden stark auswirkte. Die Abweichung des mittleren Eichwertes vom Sollwert war bei allen Federn bis zu einem Ausschlag von 80% praktisch Null. Zwischen 80 und 100% des Vollausschlags wiesen eine Feder eine Abweichung von 5% und zwei andere eine Abweichung von 3% des Sollwertes vom mittleren Eichwert auf.

IV. Auswertegenauigkeit

Während die Auswertung der Strom-, Spannungs- und Geschwindigkeitsdiagramme keine Schwierigkeiten machte, da sich die aufgezeichneten Werte kontinuierlich änderten, war die Auswertung des Zugkraftdiagramms dadurch erschwert, daß der Zugkraftschreiber alle über die Kupplung übertragenen Kraftstösse aufzeichnete. Dies wirkte sich besonders bei schlechtem Gestänge sehr erschwerend aus. Auch konnten die stoßweisen Wechselzugkräfte mechanisch defekter Lokomotiven das Zugkraftdiagramm so beeinträchtigen, daß es praktisch nicht verwendbar war.

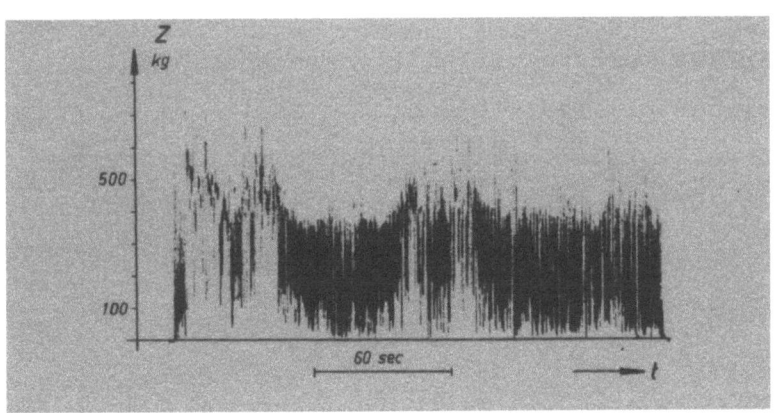

A b b i l d u n g   5

Beispiel eines für die Auswertung unbrauchbaren Zugkraftdiagramms. Die starken Zugkraftschwankungen rühren von stoßweisen Wechselzugkräften der mechanisch defekten Lok her

Ein Beispiel einer nicht verwertbaren Zugkraftaufzeichnung ist in Abbildung 5 (s.S. 15) dargestellt.

Die große Zahl der bei der Auswertung der Diagramme herangezogenen Punkte ließ jedoch solche durch das Gelände oder den Zugablauf bedingten Impulsstreuwerte ohne weiteres als Streupunkte erkennen. Im übrigen wurden grundsätzlich solche Diagrammstellen für die Auswertung ausgewählt, in denen sich alle Größen möglichst wenig änderten.

Die Bestimmung großer Flächen erfolgte im allgemeinen durch Planimetrieren. Bei kleineren Flächen und in kritischen Fällen wurden die Flächen jedoch zur Erhöhung der Auswertegenauigkeit immer ausgezählt.

B. Der Fahrwiderstand

I. Allgemeines über den Fahrwiderstand

1. Grundsätzliches

Der Energieverbrauch für die Fortbewegung eines Zuges ist bedingt durch zwei Hauptursachen:

> Durch den Fahrwiderstand,
> durch den Geländeeinfluß.

Gegen diese beiden maßgebenden Größen ist die zur Beschleunigung erforderliche Arbeit - besonders bei längeren Fahrten - von untergeordneter Bedeutung. Während der Einfluß des Geländes bei bekannten Steigungsverhältnissen rechnerisch ohne weiteres ermittelt werden kann, läßt sich der Fahrwiderstand nur experimentell feststellen. Systematische Untersuchungen über den Fahrwiderstand unter Betriebsverhältnissen untertage lagen bei Aufnahme der vorliegenden Untersuchung noch nicht vor. Aus diesem Grunde erschien es angezeigt, zunächst die mit dem Fahrwiderstand zusammenhängenden Fragen soweit wie möglich zu klären.

2. Die Zugkraft

a) Definition

Bei der Angabe über die Zugkraft von Lokomotiven unterscheidet man im allgemeinen:
1) die Zugkraft am Radumfang der Lokomotive
2) die Zugkraft am Zughaken der Lokomotive.

1) Die Zugkraft am Radumfang elektrischer Lokomotiven kann aus den Motorkennlinien unter Berücksichtigung des Vorgelegewirkungsgrades berechnet werden. Die so bestimmte Zugkraft enthält nicht den Fahrwiderstand der Lokomotive und berücksichtigt auch nicht den Einfluß des Geländes.

2) Die Zugkraft am Zughaken der Lokomotive erhält man, wenn von der Zugkraft am Radumfang die für die Überwindung des Lokomotivfahrwiderstandes erforderliche Zugkraft abgezogen und gleichzeitig die Neigung der Strecke durch eine weitere Zugkraft berücksichtigt wird, die der an dem Lokgewicht zu leistenden Hubarbeit entspricht.

In der vorliegenden Arbeit soll - falls nicht ausdrücklich anders vermerkt - unter Zugkraft immer nur die Zugkraft am Zughaken verstanden werden, da für die Praxis nur die Zughakenkraft von Interesse ist, die die Lokomotive an den angehängten Zug abzugeben vermag.

b) Komponenten

Ganz allgemein läßt sich die in jedem Augenblick von einer Lokomotive für die Bewegung einer Wagenfolge an diese abzugebende Zughakenkraft Z zerlegen in drei Komponenten, nämlich in

1) einen Zugkraftanteil Z_F, der für die Überwindung des Fahrwiderstandes unter den gegebenen Verhältnissen auf der betrachteten Strecke aufzubringen wäre, wenn diese vollkommen eben gedacht wird.

2) Einen Zugkraftanteil Z_S, der zur Überwindung des Geländes, d.h. zur Deckung der Hubarbeit erforderlich ist.

3) Einen Zugkraftanteil Z_b, der zur Überwindung der Massenträgheit der Anhängelast im Beschleunigungsabschnitt aufgebracht werden muß.

$$Z = Z_F + Z_S + Z_b$$

3. Der Fahrwiderstand

a) Definition des Fahrwiderstandes

Die Definition des Fahrwiderstandes einer angehängten Last, wie sie hier verwendet werden soll, ergibt sich aus der vorstehenden Gleichung:

Der Fahrwiderstand einer Anhängelast ist dem Betrage nach gleich der Zugkraft, wenn sowohl Z_S wie Z_b Null sind, d.h. wenn das Gelände eben und die Geschwindigkeit konstant ist.

b) Die möglichen Komponenten des Fahrwiderstands

Der Fahrwiderstand ist ein Sammelbegriff für die Widerstände, die sich der Fortbewegung eines Zuges entgegensetzen, wenn die Steigung und die Beschleunigung gleich Null sind.

Die möglichen Komponenten des Fahrwiderstandes von Schienenfahrzeugen sind seit langem bekannt, da die Eisenbahn seit ihrem Bestehen immer wieder ausgedehnte Untersuchungen über die Fahrwiderstände ihrer Lokomotiven und Wagen anstellt. Wenn auch die Untersuchungsergebnisse der Eisenbahn infolge der völlig anders gelagerten Verhältnisse nicht auf die untertägige Lokomotivförderung übertragen werden können, so liegen doch die gleichen physikalischen Grundlagen für das Zustandekommen des Fahrwiderstandes vor, und eine Untersuchung über den Fahrwiderstand von Förderwagen kann von diesen Erkenntnissen ausgehen.

Im allgemeinen läßt sich der Fahrwiderstand von Schienenfahrzeugen gliedern in:

1) Grundfahrwiderstand mit den Komponenten
    aa) Lagerreibung
    bb) Rollwiderstand

2) Zusätzliche Reibungswiderstände, die durch Unebenheiten, Schienenstöße, Verschmutzung, Durchbiegen der Schienen, Schwingung der Fahrbahn und der Fahrzeuge, Einzelbewegungen der Wagen und andere Faktoren auftreten können.

3) Zusätzlicher Fahrwiderstand

4) Luftwiderstand

5) Zusätzlicher Fahrwiderstand durch höhere Lagerreibung beim Anfahren aus der Ruhe.

Die unter 2) genannten zusätzlichen Reibungswiderstände gehören ihrem Wesen nach ebenfalls dem Grundfahrwiderstand an. Sie werden jedoch getrennt von diesem aufgeführt, weil sie den durch Lager und Lagerzustand, sowie durch Schienen und Radmaterial eindeutig festgelegten Grundfahrwiderstand je nach den gegebenen örtlichen Verhältnissen verschieden stark beeinflussen können.

Eine scharfe Abgrenzung ist nicht ohne weiteres möglich, da es letzten Endes eine Frage der Definition ist, ob man den Grundfahrwiderstand auf einen bestimmten gegebenen Zustand bezieht oder ob man das Abweichen des Grundfahrwiderstands bei dem gegebenen Zustand von dem eines angenommenen Normalsfalls betrachten will.

Auf die theoretische Grundlage der einzelnen Fahrwiderstandskomponenten soll hier nicht weiter eingegangen werden. Hierüber liegen bereits eine größere Anzahl Veröffentlichungen vor, die sich mit den mutmaßlichen Ursachen ausführlicher befassen. Außerdem ist es im Rahmen von Betriebsuntersuchungen untertage unmöglich, die vorliegenden Verhältnisse jeweils so genau festzustellen, wie es erforderlich wäre, um zuverlässige Unterlagen über eine Aufgliederung des Fahrwiderstands in seine einzelnen Anteile vornehmen zu können. Für den Betrieb ist es wichtig, zuverlässige Mittelwerte über die zu erwartenden Fahrwiderstände zu erhalten und dieser Aufgabe dienen die nachstehenden Ermittlungen. Hier sei nur eine kurze Zusammenfassung über die wesentlichste Fahrwiderstandskomponente, den Grundfahrwiderstand, gestattet.

4 Der Grundfahrwiderstand

a) Die Lagerreibung

Das COULOMBsche Gesetz für die gleitende Reibung besagt, daß die der gleitenden Bewegung entgegenwirkende und an den Berührungsflächen tangential angreifende Kraft T proportional der Normalkraft des gleitenden Körpers ist, die senkrecht zur Berührungsebene steht:

$$T = \mu N$$

Analog tritt in einem durch die Normalkraft N belasteten Gleitlager ein Gleitwiderstand $T = \mu N$ auf. Dieser Gleitwiderstand greift an dem Hebelarm des Zapfenhalbmessers an und hat damit ein der Raddrehung entgegenwirkendes Drehmoment der Reibung zur Folge:

$$M_R = T\,r = \mu N\,r$$

Soll sich das Rad drehen, so muß das auf dieses übertragene Drehmoment $M_D = P\,R$ (P = Umfangskraft, R = Radhalbmesser) größer sein als das hemmende Reibungsmoment:

$$P\,R > \mu N\,r$$

Die das Gleitlager kennzeichnende Reibungsziffer

$$\mu = \frac{P \cdot R}{N \cdot r}$$

wird nicht nur für Gleitlager, sondern auch für die auf vorwiegend rollender Reibung beruhenden Wälzlager als kennzeichnende Größe verwendet.

Da Gleitlager ihrer Nachteile wegen im modernen Förderwagen nicht mehr verwendet werden, können ihre Eigenschaften hier unberücksichtigt bleiben.

Für die Größe des Reibungsmomentes eines Wälzlagers sind die folgenden Faktoren maßgebend:

Bauart des Lagers

Abmessungen des Lagers

Lagerbelastung und ihre Verteilung auf die einzelnen Rollkörper

Drehzahl des Lagers

Schmiermittelmenge

Eigenschaften des Schmiermittels bei Betriebstemperatur.

Die komplizierten theoretischen Zusammenhänge, die für das Zustandekommen der Lagerreibung in Wälzlagern verantwortlich sind, sind nur teilweise und unvollkommen geklärt. Leider besteht in der Literatur aber auch keine völlige Einigkeit über den tatsächlichen funktionellen Zusammenhang zwischen Lagerreibung, Umlaufgeschwindigkeit und Belastung. In kurzer Zusammenfassung kann hierüber folgendes gesagt werden:

Bei gleichbleibender Drehzahl und unverändertem Schmiermitteleinfluß ändert sich das Reibungsmoment annähernd linear mit der Belastung des Lagers.

Bei gleichbleibender Belastung und unverändertem Schmiermitteleinfluß ändert sich das Reibungsmoment mit der Drehzahl. Die Änderung ist jedoch verhältnismäßig gering und kann für kleine Drehzahlunterschiede vernachlässigt werden.

Die Anlaufreibung ist nicht wesentlich höher als die Laufreibung.

Bei ausgeführten Lagern ist die Reibung der Dichtungsteile sowie die Schmiermittelmenge von Wichtigkeit. Schmiermittel, die nicht unmittelbar an der Schmierung beteiligt sind, müssen mitbewegt werden; dabei vergrößert ihre innere Reibung die Gesamtreibung des Lagers.

b) Der Rollwiderstand zwischen Rad und Schiene

Dem Abrollen des Rades auf der Schiene stellt sich der Rollwiderstand entgegen. Dieser hat seine Ursache in der elastischen Hysterese des Materials und dem Auftreten von Tangentialkräften in der Berührungsfläche infolge gleitender Reibung, welche das Aufwerfen einer Art Wulst vor dem Rad in Bewegungsrichtung zur Folge hat. Auf Grund dieser Formänderung verschiebt sich der jeweilige Berührungs"punkt" zwischen Rad und Schiene, der gleichzeitig als Drehpunkt angesprochen werden kann, in Fahrtrichtung um den Betrag f, der als Reibungsarm bezeichnet wird. Die Größe von f ist von dem elastischen Verhalten des Werkstoffs und von der Rollgeschwindigkeit abhängig. An dem Hebelarm f greift der auf dieses Rad entfallende Gewichtsanteil N an und erzeugt ein der Rollbewegung entgegengesetztes Drehmoment. Ein Rollen des Rades ist nur dann möglich, wenn die am Hebelarm R (Näherung) angreifende Antriebskraft P größer als das Drehmoment der rollenden Reibung ist:

$$P R > N f$$

Da sich bei Schienenfahrzeugen das Rad nur sehr wenig in das harte Material der Schiene eindrückt, ist der Reibungsarm f sehr klein. Der absolute Wert der rollenden Reibung wird daher bei Schienenfahrzeugen gegenüber den anderen Fahrwiderständen als von untergeordneter Bedeutung angesehen. Außer dem hier beschriebenen durch den Schienen- und Radwerkstoff bestimmten Rollwiderstand erfährt dieser eine Erhöhung durch Verschmutzung, ungleiche Schienenhöhe an den Stößen und andere streckenbedingte Einflüsse. Diese Widerstandserhöhung ist jedoch unter die bei 3., b), 2) genannten zusätzlichen Reibungswiderstände zu rechnen, da sie von den gegebenen örtlichen Verhältnissen abhängig ist.

II. Meßmethoden zur Ermittlung des Fahrwiderstandes

1. Meßmethoden

a) Ermittlung aus dem Beharrungsabschnitt

Auf einer Strecke konstanter und bekannter Steigung wird die von der Lok an den Zug abgegebene Zugkraft mit Hilfe eines Zugkraftmessers bei konstanter Geschwindigkeit gemessen. Nach Abzug der für die Steigung erforderlichen Zugkraft ergibt sich für die betreffende Geschwindigkeit der mittlere Fahrwiderstand der angehängten Förderwagen durch Division mit der Wagenzahl.

b) Ermittlung aus dem Auslaufabschnitt

Auf einer bestimmten Strecke konstanter Steigung läßt man den Zug mit abgeschaltetem Motor und offenen Bremsen auslaufen.

1) Hat ein schreibender Geschwindigkeitsmesser den Auslaufvorgang verfolgt, so kann aus der Geschwindigkeitsabnahme in Abhängigkeit von der Zeit, also aus der Neigung der Auslauflinie, die Verzögerung berechnet werden, die der Zug unter dem Einfluß des Fahrwiderstands und der Steigung erfährt. Die verzögernde Kraft, die auf den gesamten Zug einschließlich der Lokomotive wirkt, erhält man durch Multiplikation dieser Verzögerung mit der Masse des Zuges. Nach Abzug des Geländeeinflusses erhält man den Gesamtfahrwiderstand des Zuges einschließlich Lok. Ist die Auslaufkurve gekrümmt, d.h. ist der Fahrwiderstand von der Geschwindigkeit des Zuges abhängig, so kann die Auswertung in Abschnitten erfolgen, und man erhält den Fahrwiderstand in Abhängigkeit von der jeweiligen mittleren Geschwindigkeit der einzelnen Intervalle.

2) Steht kein schreibender Geschwindigkeitsmesser zur Verfügung, so kann man aus der gestoppten Zeit des freien Auslaufs und der in dieser Zeit zurückgelegten Strecke die mittlere Geschwindigkeit für die Auslaufstrecke berechnen. Vernachlässigt man eine evtl. Geschwindigkeitsabhängigkeit des Fahrwiderstands, so kann man annehmen, daß die Geschwindigkeit im Augenblick des Abschaltens doppelt so groß war wie die mittlere Geschwindigkeit der Auslaufstrecke. Die im Augenblick des Abschaltens vorhandene kinetische Energie

$$A_{kin} = \frac{m \, v^2}{2} \text{ mkg}$$

wird auf der Auslaufstrecke durch Fahrwiderstand und Geländeeinfluß aufgebraucht. Die durch sie bedingte hemmende Kraft läßt sich durch Division durch die Auslaufstrecke ermitteln. Der Fahrwiderstand des gesamten Zuges einschließlich Lok bezogen auf die Ebene ergibt sich dann nach Abzug des Steigungseinflusses.

2. Wertung der Meßmethoden

Die unter 2. genannten Verfahren haben den Nachteil, daß der Fahrwiderstand der Lokomotive in die Messung mit eingeht und daher durch gesonderte Auslaufversuche festgestellt werden muß, um so den Fahrwiderstand der Anhängelast allein bestimmen zu können. Der ungleich größere Nachteil dieser Methode aber ist, daß sich der Zug hinter einer ziehenden Lok anders verhält als hinter einer freiauslaufenden, so daß sich hierdurch möglicherweise ein anderer Fahrwiderstand ergibt, als den üblichen Betriebsbedingungen entspricht.

Alle vorstehend genannten Meßmethoden haben eine konstante Steigung zur Voraussetzung, um den Geländeeinfluß vom eigentlichen Fahrwiderstand trennen zu können und damit ein auf jedes andere Steigungsverhältnis ohne weiteres umrechenbares Ergebnis zu erhalten. Strecken konstanter Steigung aber sind untertage nur in verschwindenden Ausnahmefällen anzutreffen. Der Versuch, den Geländeeinfluß einer "praktisch konstanten" Steigung dadurch auszuschalten, daß der Auslaufversuch auf der Auslaufstrecke sowohl in Richtung Feld wie in Richtung Schacht unternommen wird, scheitert in jedem Fall daran, daß der Auslaufweg auf Grund der Steigung Richtung Feld bzw. der Neigung Richtung Schacht stets verschieden groß ist und sich damit der Auslaufweg in beiden Fällen nicht deckt und gleiche Steigung und Gefälle sich nicht kompensieren können. Solche die Fahrwiderstandsbestimmung beeinflussenden Steigungsfehler sind umso größer, je größer das Wagengewicht gegenüber dem Fahrwiderstand des Wagens ist. Besonders bei Großraumwagen kann dies daher zu erheblichen Fehlern führen. So beträgt die zusätzliche Zugkraft, die für die Überwindung einer Steigung von 0,25 °/oo bei einem Großraumwagen von 4 t Gesamtgewicht aufzubringen ist, gerade 1 kg. Eine Abweichung der angenommenen von der tatsächlichen Steigung um nur 2,5 cm auf 100 m verfälscht das Ergebnis also bereits um 1 kg, was bei den geringen Fahrwiderständen der Großraumwagen nicht mehr als vernachlässigbar angesehen werden kann.

III. Durchführung und Ergebnis der grundsätzlichen Fahrwiderstandsuntersuchungen unter vorbildlichen Bedingungen auf Schachtanlage 1

1. Kennzeichnung der Strecke

Für die grundlegenden Untersuchungen über die mit dem Fahrwiderstand zusammenhängenden Fragen der untertägigen Lokomotivförderung stand auf der Schachtanlage 1 eine in jeder Beziehung vorbildliche Hauptstrecke auf der 8. Sohle zur Verfügung, die durch folgende Eigenschaften charakterisiert war:

Gerade Strecke, ausgerichtete Schienen, konstante Steigung von 2 °/oo, Schienenspur 515 mm, in Kurven 520 mm, Schienen S 30 (Schienengewicht 30 kg pro m, Schienenhöhe 108 mm), Schienenstöße geschweißt, Holzschwellen, Schwellenabstand 600 mm, Gleisunterbau: Splitt von 10 cm unter Schwellenunterkante bis Schwellenoberkante. Formsteinausbau, Querschnitt 12,5 m^2, Wettergeschwindigkeit auf dem Hauptversuchsabschnitt etwa 2 m/s.

2. Beschreibung des Förderwagens und des Lagers

Wageninhalt 1180 l, Länge über die Puffer 1680 mm, größte Wagenbreite 850 mm, Höhe von Schienenoberkante 1300 mm, Leergewicht G_L = 0,65 t, Gewicht mit Kohlen G_K = 1,7 t, ungefederter Puffer, ungefederter Wagenkasten, lose Kupplung, Kegellagerradsatz gleich DIN 20 553, Achsstand 600 mm, Radspur 510 mm, feste Achsen mit Losrädern.

Schienenspur 515 mm, mittlerer Laufkranzdurchmesser 340 mm, Konizität des Laufkranzes 1 : 27, Konizität des Spurkranzes ca. 1 : 4,3.

Lagerart: Kegelrollenlager DIN 720, Reihe 32210/32211 mit Labyrinth-Ringdichtung (gemäß Abb. 6, s.S. 25).

3. Ziel der grundsätzlichen Untersuchung

Diese grundsätzliche Untersuchung hatte das Ziel, folgende Hauptpunkte zu klären:

1) Der Absolutwert des Fahrwiderstandes von Kohlen- und Leerwagen und sein Streubereich.

2) Der Absolutwert des Fahrwiderstandes von Lokomotiven.

3) Die Abhängigkeit des Fahrwiderstandes von der Geschwindigkeit.

4) Einfluß der Zuglänge auf den Fahrwiderstand des Zuges.

5) Anhaltswerte über den Fahrwiderstand gedrückter Wagen.

6) Einfluß des Luftwiderstandes und der Wettergeschwindigkeit auf den Fahrwiderstand.

4. Durchführung der Untersuchung

a) A u ß e r h a l b   d e r   F ö r d e r u n g

Zur Klärung dieser Fragen wurden Fahrten außerhalb der Förderung auf genau festgelegter Strecke durchgeführt.

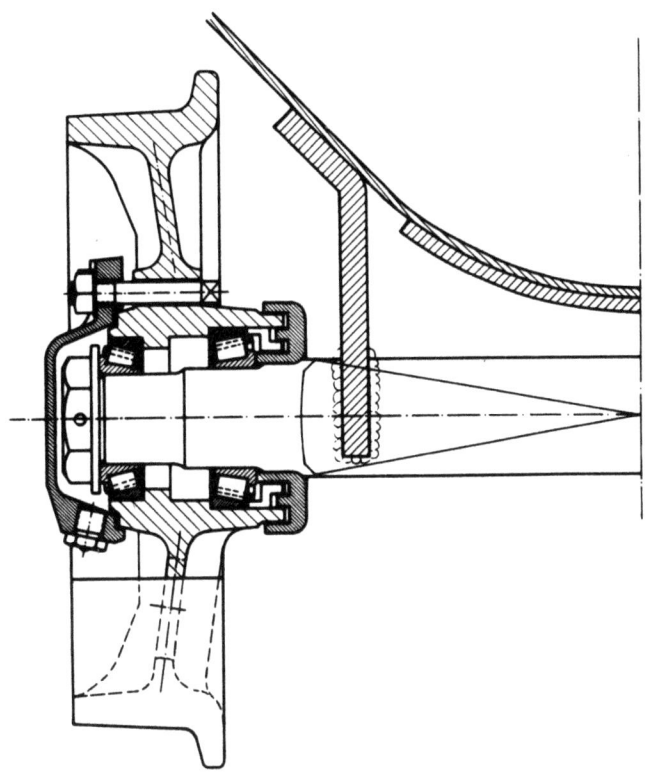

Abbildung 6

Kegellagerradsatz nach DIN 20 553

Von demselben Abfahrtspunkt aus wurde eine bestimmte Anzahl gleicher Wagen mit einer ganz bestimmten Fahrstufe bis zu einem festgelegten Abschaltpunkt gezogen, an dem der Fahrschalter auf Null zurückgenommen wurde, so daß der Zug frei auslief. Mit derselben Wagenzahl wurden auch alle anderen Fahrstufen der Lokomotive in gleicher Weise durchgefahren und unter den gleichen Bedingungen die den einzelnen Fahrstufen entsprechenden konstanten Geschwindigkeiten erreicht. Damit konnten diese Fahrten in doppelter Weise ausgewertet werden:

1) Durch Berechnung des Fahrwiderstands mittels der bei konstanter Geschwindigkeit aus dem Zugkraftdiagramm abgelesenen Zugkraft unter Berücksichtigung des Geländeeinflusses, entsprechend der unter II., 1, a) geschilderten Meßmethode.

2) Durch Berechnen des Fahrwiderstands aus dem freien Auslauf der Zugmasse entsprechend der Meßmethode II., 1, b), 1).

Forschungsberichte des Wirtschafts- und Verkehrsministeriums Nordrhein-Westfalen

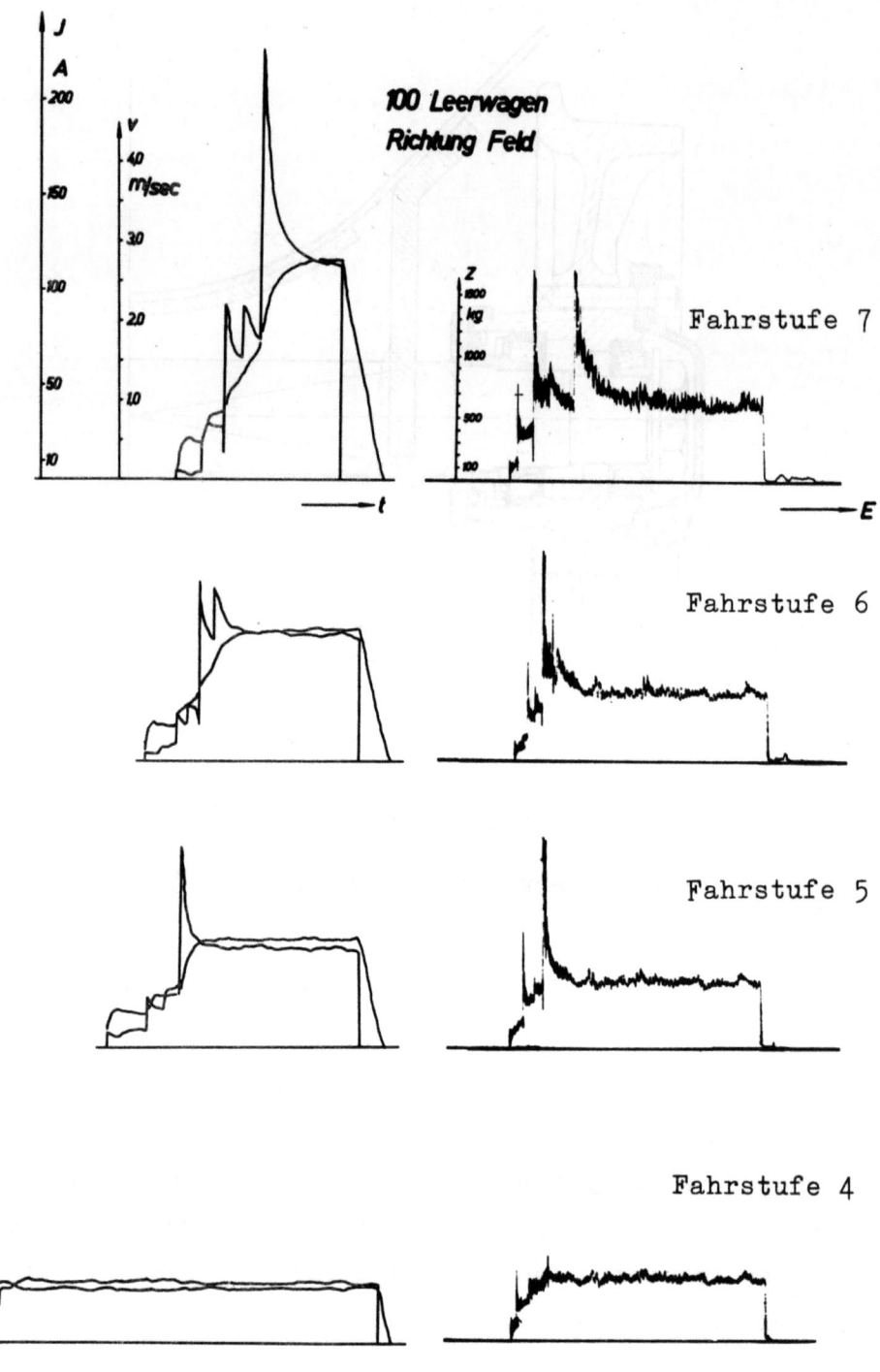

Abbildung 7

Beispiel einer für die Fahrwiderstandsbestimmung aufgenommenen Meßreihe mit 100 Leerwagen, die von einer 29,4 kW-Lok auf der 4.,5.,6. und 7. Fahrstufe in Richtung Feld und Schacht gezogen wurden. (Steigung 2°/oo)

Diese Fahrten wurden mit der leeren Maschine, mit 15, 30, 50 und 100 Leerwagen auf den Fahrstufen 4,5,6 und 7 in Richtung Feld und in Richtung Schacht durchgeführt und dann in der gleichen Weise mit 15, 30, 50 und 100

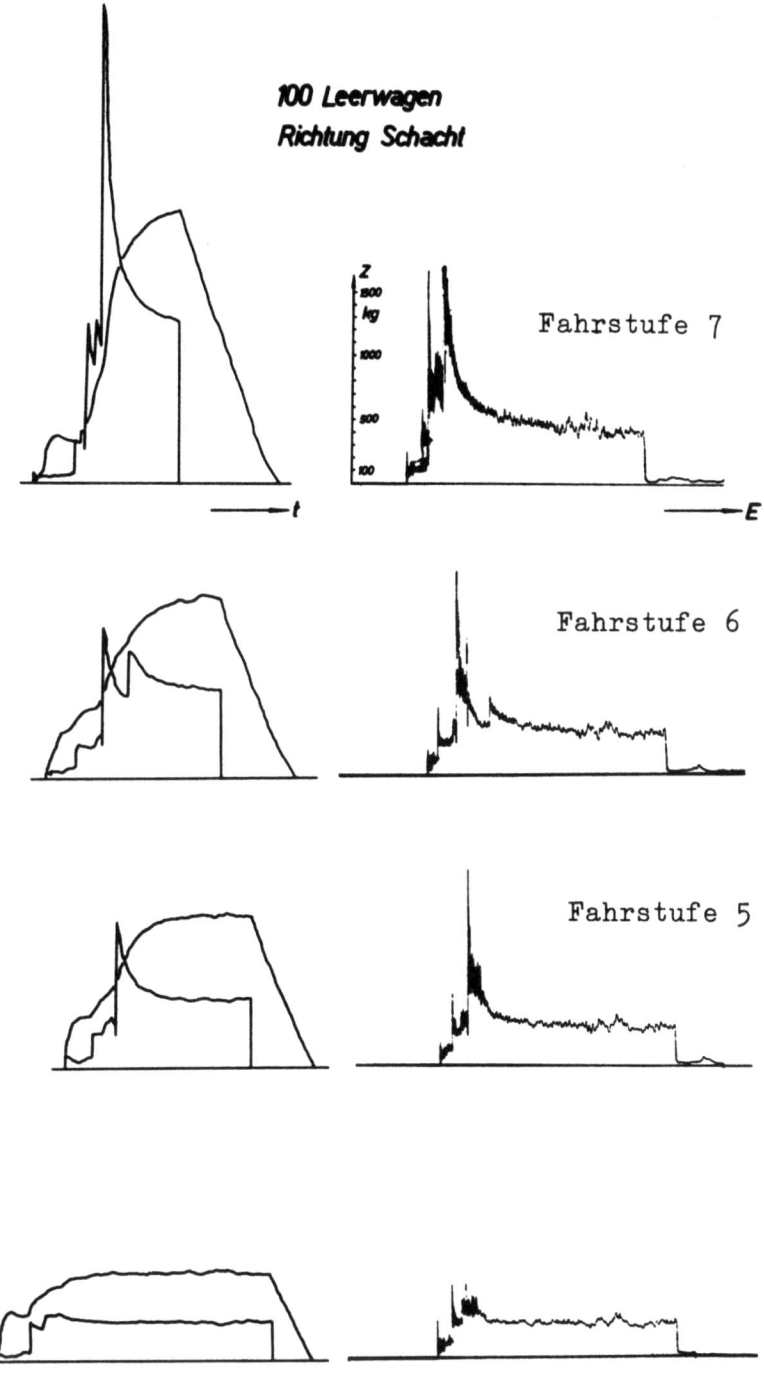

Abbildung 7

Beispiel einer für die Fahrwiderstandsbestimmung aufgenommenen Meßreihe mit 100 Leerwagen, die von einer 29,4 kW-Lok auf der 4.,5.,6. und 7. Fahrstufe in Richtung Feld und Schacht gezogen wurden. (Steigung 2°/oo)

Kohlenwagen in Richtung Feld und in Richtung Schacht wiederholt. Hierbei war die Abfahrtsstelle für die Fahrten in Richtung Schacht so gewählt, daß wenigstens die Abschnitte konstanter Geschwindigkeit in Richtung Feld und

Schacht auf denselben Streckenabschnitt zu liegen kamen, nachdem ein freier Auslauf über dieselbe Strecke unmöglich war. Der gesamte Fahrtablauf wurde mit Strom-, Geschwindigkeits- und Zugkraftschreiber mitgeschrieben. Der Zugkraftschreiber war hier auf den Weg, die anderen Schreiber auf die Zeit bezogen. Abbildung 7(S.26 u. 27) zeigt die Diagramme, wie sie sich für 100 Leerwagen in Richtung Schacht und in Richtung Feld bei der 4.,5.,6. u. 7. Fahrstufe ergaben. Aus den Diagrammen ist die konstante Steigung der Strecke an der Tatsache zu erkennen, daß nach Abklingen der Beschleunigung die drei Größen Strom, Geschwindigkeit und Zugkraft konstant bleiben. Aus dem Vergleich der Zugkraftdiagramme bei den verschiedenen konstanten Geschwindigkeiten läßt sich außerdem bereits die Geschwindigkeitsabhängigkeit des Fahrwiderstandes erkennen. Abbildung 8a (s.S. 29) zeigt den aus diesen Zugkraftdiagrammen gewonnenen Fahrwiderstand plus Steigungseinfluß für den in Richtung Feld bzw. Schacht gezogenen Leerwagen in Abhängigkeit von der Geschwindigkeit ausgedrückt in kg/Leerwagen. Mittelt man die in Richtung Schacht und in Richtung Feld gemessenen Zugkräfte, so fällt der Einfluß der Steigung heraus und man erhält in der Mittellinie die Abhängigkeit des Fahrwiderstandes von der Geschwindigkeit für die Steigung $S = 0$. Der Unterschied zwischen den in Richtung Feld und in Richtung Schacht gemessenen Zugkräften entspricht dem doppelten Einfluß der Steigung, muß also für das Leerwagengewicht $G_L = 650$ kg sein:

$$2 Z_S = 2 \frac{2m}{1000 \ m} \ 650 \ kg = 2,6 \ kg$$

Dies entspricht dem Abstand der gemessenen Zugkräfte, die von dem Fahrwiderstand der Steigung $S = 0$ je um den durch die Steigungszugkraft bedingten Betrag $Z_S = 1,3$ kg nach oben bzw. unten abweichen.

Abbildung 8b(s.S. 28) zeigt die aus den Auslaufabschnitten derselben Diagramme berechneten mittleren Fahrwiderstandswerte in Abhängigkeit von der mittleren Auslaufgeschwindigkeit. Die trotz der ausgezeichneten Streckenverhältnisse wesentlich stärkere Streuung dieser Auswertungsmethode ist ohne weiteres ersichtlich. Sie berechtigt nicht die Einzeichnung eines stetigen Kurvenverlaufs.

Weitere Fahrwiderstandsermittlungen außerhalb der Förderung wurden in der Form vorgenommen, daß eine bestimmte Wagenzahl zunächst mit der ersten möglichen Fahrstufe solange gefahren wurde, bis sich konstante Geschwindigkeit einstellte. Dann wurde auf eine höhere Fahrstufe geschaltet, die eben-

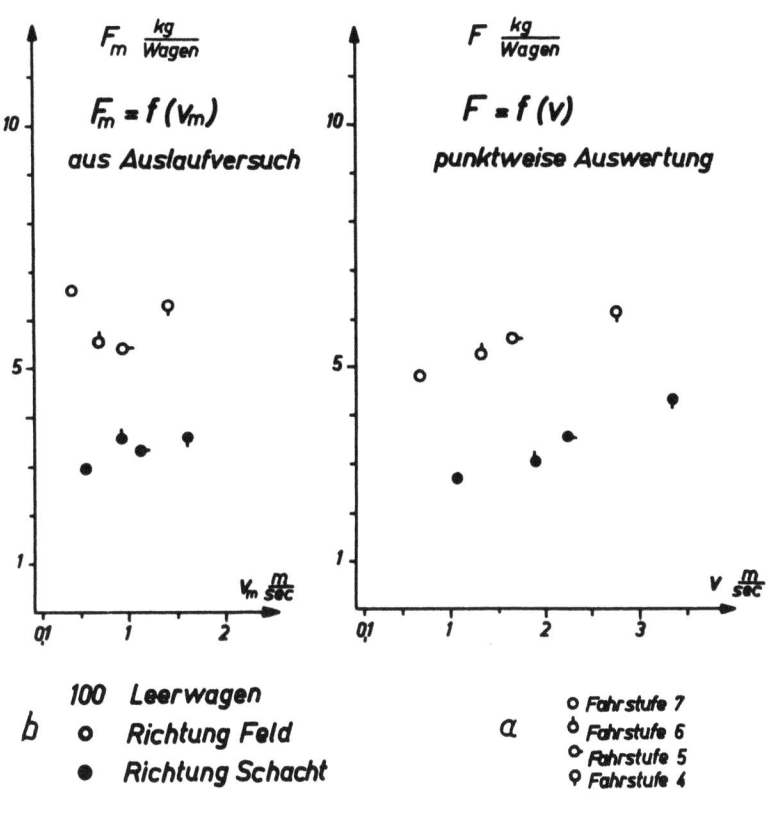

Abbildung 8

Ergebnis der Fahrwiderstandsbestimmung aus der in
Abbildung 7 dargestellten Meßreihe

Fahrten Richtung Feld o   Richtung Schacht ●

a) Fahrwiderstandsbestimmung aus der im Beharrungsabschnitt (v = konst.) ermittelten Zugkraft und

b) Fahrwiderstandsbestimmung aus dem Auslaufabschnitt

falls wieder solange stehen blieb, bis die Beschleunigung abgeklungen war und sich wiederum konstante Geschwindigkeit einstellte, und so fort bis zur höchsten Fahrstufe. Solche Messungen wurden mit 50, 100, 150 und 200 Leerwagen, sowie mit 15, 30, 50 und 100 Kohlenwagen durchgeführt. Um trotz der hohen Belastungen möglichst große Geschwindigkeiten zu erzielen, wurde für diese Versuche eine Fahrdrahtlokomotive von 56 kW eingesetzt.

Abbildung 9(s.S. 30) zeigt ein Diagramm einer Fahrt mit 150 Leerwagen Richtung Feld. Die Zugkraft ist hier auf die Zeit bezogen.

Die Ergebnisse einer solchen Meßreihe sind für Leerwagen Richtung Feld in Abbildung 10 als Punkte aufgetragen. Der Fahrwiderstand für die Steigung S = 0 ergibt sich auch hier nach Abzug der für die Steigung erforderlichen Zugkraft.

Forschungsberichte des Wirtschafts- und Verkehrsministeriums Nordrhein-Westfalen

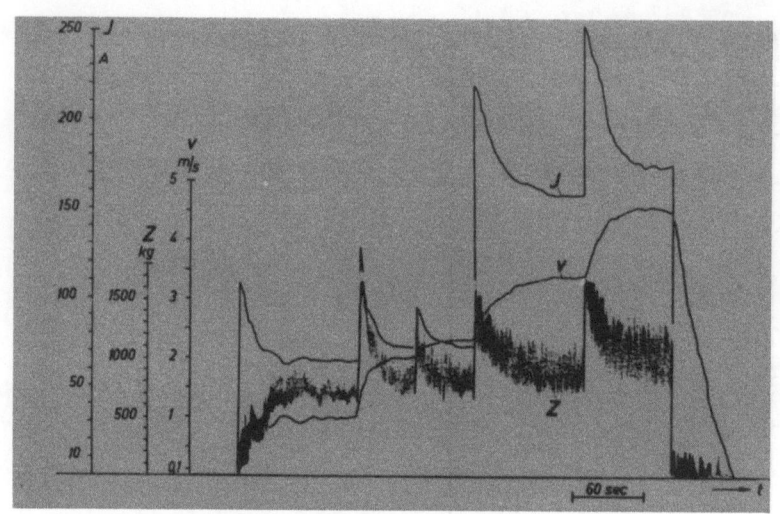

Abbildung 9

Fahrdiagramm eines Zuges mit 150 Leerwagen auf einer konstanten Steigung von 2 °/oo. Die einzelnen Stufen sind die 1.,5.,9., 10. und 14. Fahrstufe einer Fahrdrahtlok von 56 kW

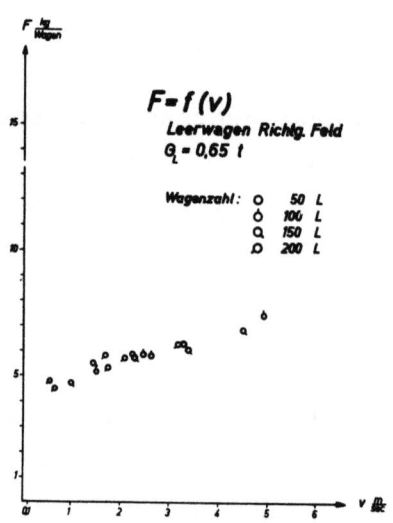

Abbildung 10

Beispiel für das Auswertungsergebnis einer zur Fahrwiderstandsbestimmung gemäß Abbildung 9 mit 50, 100, 150 und 200 Leerwagen durchgeführten Meßreihe

S = + 2 °/oo G_L = 0,65 t

Wagenzahl: o 50 L   Q 100 L
           ó 150 L   ρ 200 L

Seite 30

b) In der Förderung

Da auf der Schachtanlage nur ein Förderwagentyp im Umlauf war, konnten die in den Meßfahrten außerhalb der Förderung erzielten Ergebnisse durch die Auswertung der in der Förderung aufgenommenen Diagramme hinsichtlich des Fahrwiderstands ergänzt und erweitert werden. So ergab sich ein sehr guter Überblick über den mittleren Fahrwiderstand des gesamten Förderwagenparks.

c) Wagengewicht und Schmierzustand

Als Wagengewicht wurde hier - wie auch bei den später untersuchten Zechen - stets das mittlere Gewicht eingesetzt, das von der Zeche aus der Wiegung einer Anzahl Leerwagen und Kohlenwagen ermittelt worden war. Auf Wagenzustand und Schmierzustand der Lager wurde keine Rücksicht genommen.

Bezüglich der Schmierung und des Schmierzustandes der Förderwagenlager sei hier noch eine kurze Anmerkung gestattet. Der Schmierungszustand der Wagenlager wurde nicht nur aus dem Grunde unberücksichtigt gelassen, weil es unmöglich gewesen wäre, im Rahmen der Untersuchung alle Lager der zum Teil sehr langen Züge nachzusehen und ihren mittleren Schmierzustand eindeutig zu definieren, sondern auch, weil der tatsächliche Schmierzustand der Wagen auf den Schachtanlagen im allgemeinen unbekannt sein dürfte. Genaue Angaben über die Überwachung des Schmierzustandes und eine regelmäßige Erneuerung der Schmierung war bei der Mehrzahl der untersuchten Anlagen nicht zu erhalten. Die Angaben über die Erneuerung der Schmierung schwanken bei den 1000 l-Wagen zwischen "ungefähr alle 1 1/2 Jahre" und "nur, wenn die Wagen einmal zur Reparatur herausgezogen werden müssen".

5. Das Ergebnis der Fahrwiderstandsmessung

a) Der absolute Wert des Fahrwiderstands von Leer- und Kohlenwagen und seine Streugrenzen

Aus den Abbildungen 11 und 12 (s.S. 32) geht die mittlere Zugkraft hervor, die für die Fortbewegung eines auf gerader Strecke in Richtung Feld oder Schacht fahrenden Leer- bzw. Kohlenwagens im Zugverband aufzubringen ist, wenn die Beschleunigung b = 0 ist. Die getrichelten Linien deuten die Streugrenzen an, bis zu denen im Normalfall mit Abweichungen zu rechnen ist. Der Unterschied der in Richtung Feld und Richtung Schacht gemessenen Zugkräfte ergibt sich wieder aus dem doppelten Steigungseinfluß für den Leer-

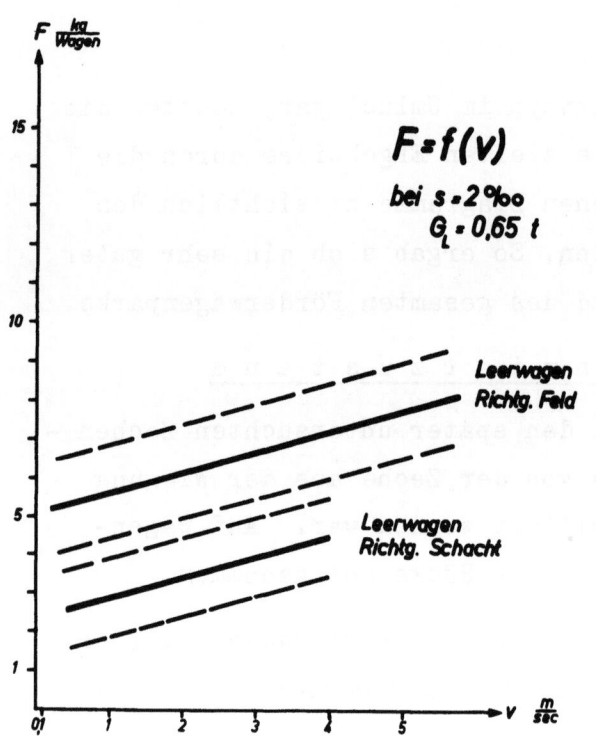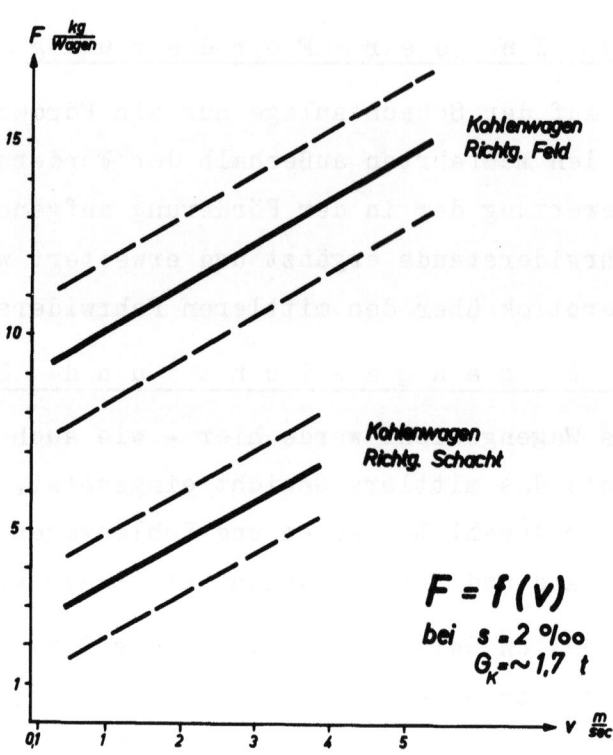

Abbildung 11

Abhängigkeit des Fahrwiderstands in kg/Wagen von der Geschwindigkeit bei Leerwagen Richtung Feld und Schacht auf Schachtanlage 1

Abbildung 12

Abhängigkeit des Fahrwiderstands in kg/Wagen von der Geschwindigkeit bei Kohlenwagen Richtung Feld und Schacht auf Schachtanlage 1

wagen mit dem mittleren Wagengewicht G_L = 650 kg zu

$$2 Z_S = 2 \cdot \frac{2 \text{ m}}{1000 \text{ m}} \cdot 650 \text{ kg} = 2,6 \text{ kg}$$

für den Kohlenwagen mit einem mittleren Gewicht G_K = 1,7 t zu

$$2 Z_S = 2 \cdot \frac{2 \text{ m}}{1000 \text{ m}} \cdot 1700 \text{ kg} = 6,8 \text{ kg.}$$

In Abbildung 13 ist der Fahrwiderstand des Leerwagens und des Kohlenwagens bezogen auf die Steigung S = 0 in Abhängigkeit von der Geschwindigkeit dargestellt. Die wesentlich stärkere Fahrwiderstandszunahme des belasteten Wagens mit der Geschwindigkeit geht daraus einwandfrei hervor.

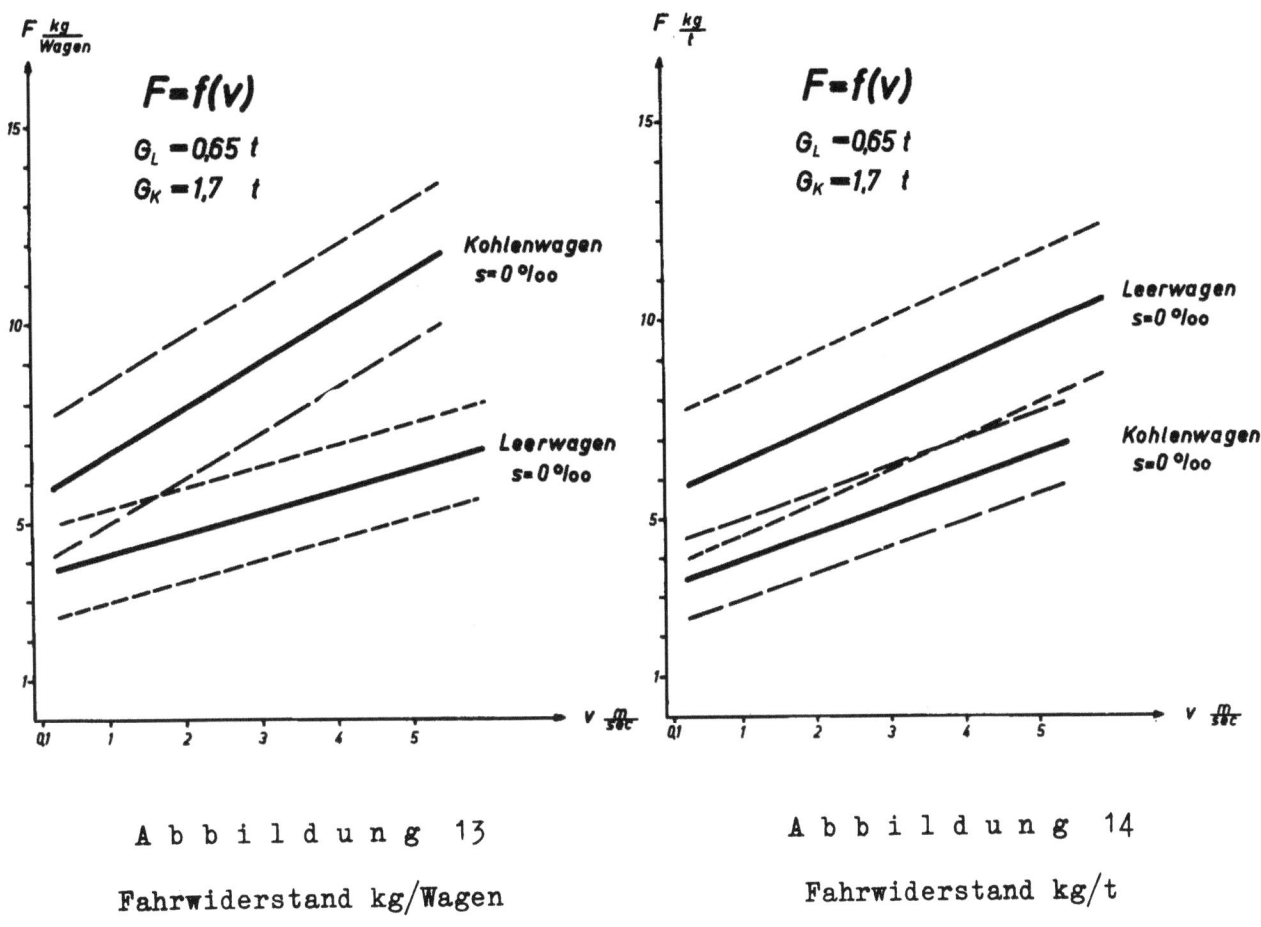

Abbildung 13
Fahrwiderstand kg/Wagen

Abbildung 14
Fahrwiderstand kg/t

Abhängigkeit des Fahrwiderstands der Förderwagen von der
Geschwindigkeit. Kegellagerradsatz DIN 20553,
Kegellager DIN 720, Reihe 32210/32211
Schachtanlage 1, Wageninhalt 1180 l.

Abbildung 14 zeigt den auf das jeweilige Wagengewicht bezogenen Fahrwiderstand für S = 0 für Leer- und Kohlenwagen. Es zeigt sich, daß es - wenigstens bei diesem Wagentyp - wenig sinnvoll ist, den Fahrwiderstand in der Einheit kg/t anzugeben, da sich für unbelastete und belastete Wagen vollkommen andere Werte ergeben. Muß man aber schon zwischen Leer- und Kohlenwagen unterscheiden, so ist es berechtigt, den Fahrwiderstand nicht wie bisher ausschließlich üblich auf das Wagengewicht zu beziehen, sondern für den einzelnen Wagen anzugeben. In diesem Sinne werden die Fahrwiderstände in der Folge im allgemeinen in kg pro Wagen genannt.

b) Der Fahrwiderstand von Akkumulatorenlokomotiven

Der Fahrwiderstand von Akkulokomotiven umfaßt außer den Reibungsverlusten in den Achs- und Tatzlagern auch noch die Verluste im Vorgelege. Die in Abbildung 15 bzw. 16 (s.S. 35) dargestellten Meßergebnisse sind aus Auslaufversuchen Richtung Feld und Schacht ermittelt, wobei der Fahrwiderstand des hinter der Lokomotive mitfahrenden Meßwagens entsprechend in Abzug gebracht wurde. Zweifellos entspricht der so gemessene Fahrwiderstand nicht genau dem bei diesen Lokomotiven beim Ziehen eines Zuges zu erwartenden, da die leerlaufende Maschine stärker zu tanzenden und schwingenden Bewegungen neigt als die mit einem Zug belastete Lokomotive, doch dürften die ermittelten Werte im Rahmen des zu erwartenden Streubereichs zwischen den einzelnen Lokomotiven als guter Anhalt dienen.

Untersucht wurde:

1) eine zweiachsige Lok, 14,7 kW, Dienstgewicht 5,5 t, im übrigen wie unter D 1/1 beschrieben.

2) Eine weitere zweiachsige Lok, 14,7 kW, Dienstgewicht 5,5 t, im übrigen wie unter D 1/3 beschrieben.

Beide Loks waren in ihrem mechanischen Aufbau gleich und unterschieden sich lediglich im elektrischen Teil.

3) Eine Doppellokomotive, bestehend aus zwei Loks, ähnlich der unter 1) beschriebenen zweiachsigen Lok, die mechanisch und elektrisch gekuppelt waren und die im Betrieb grundsätzlich als Doppellokomotive eingesetzt wurde, im übrigen wie unter D 1/2 beschrieben.

Entgegen der Erwartung zeigte sich, daß der Fahrwiderstand der Doppellokomotive nicht einfach das Zweifache einer Einzellokomotive betrug, sondern wesentlich niedriger lag. Dies dürfte kaum eine Folge zufälliger Streuung sein. Vielmehr ist zu vermuten, daß der größere Achsstand von 1000 mm pro Einzellok - Achsstand der normalen Einfachlok 700 mm - sowie die Kupplung der beiden Maschinen eine Änderung der Laufeigenschaften mit sich bringt, die einen niedrigeren Fahrwiderstand zur Folge hat.

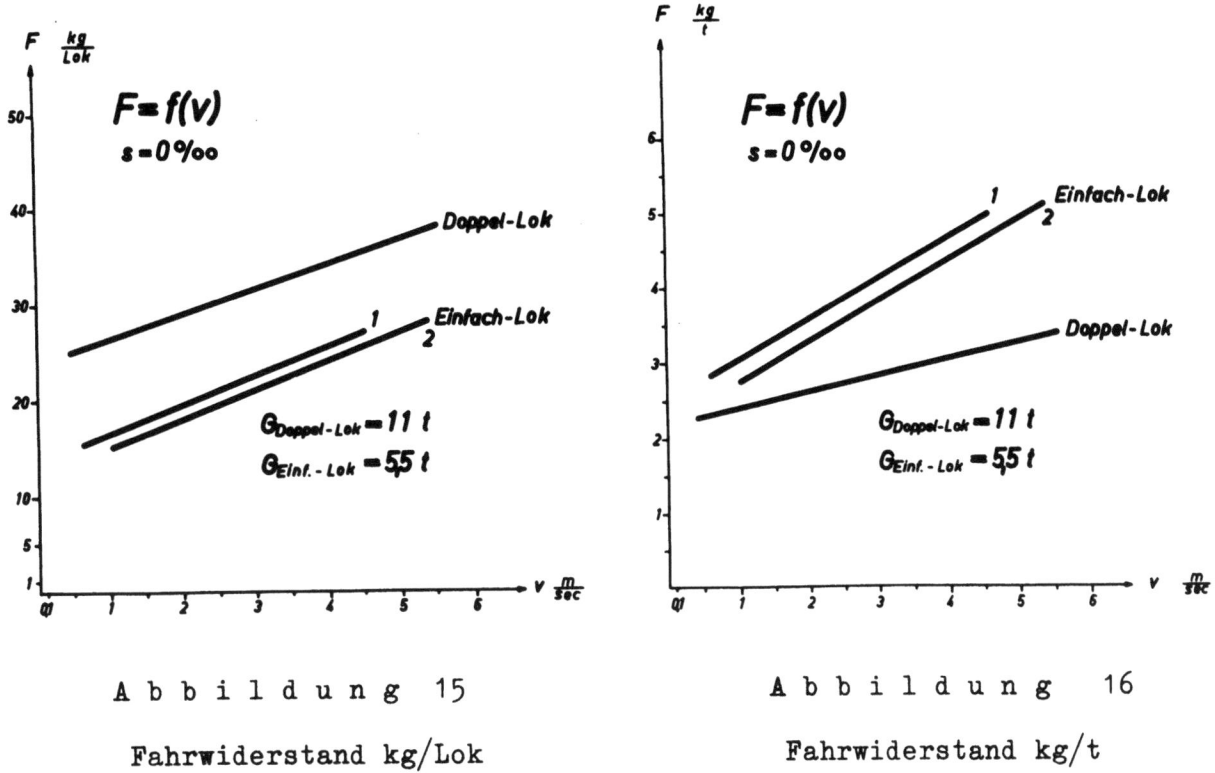

Abbildung 15   Abbildung 16

Fahrwiderstand kg/Lok   Fahrwiderstand kg/t

Abhängigkeit des Fahrwiderstands der Lokomotiven von der
Geschwindigkeit. Schachtanlage 1

c) Die Abhängigkeit des Fahrwiderstands von der Geschwindigkeit

Wie bereits im Rahmen der Fahrwiderstandsergebnisse besprochen, nimmt der Fahrwiderstand linear mit der Geschwindigkeit zu, und zwar bei Kohlenwagen in stärkerem Masse als bei Leerwagen.

d) Einfluß der Zuglänge auf den Fahrwiderstand

Eine Beeinflussung des Fahrwiderstands im Zugverband durch die Zuglänge ließ sich nicht nachweisen. Dies geht bereits aus der Abbildung 10 hervor, aus der sich kein Zusammenhang zwischen Zuglänge und Fahrwiderstand ablesen läßt. Auch alle anderen Versuche in dieser Richtung zeigen eindeutig, daß, wenn überhaupt ein solcher Zusammenhang besteht, dieser so gering ist, daß er unter Betriebsbedingungen nicht zuverlässig zu messen ist und damit in jedem Fall im natürlichen Streubereich des Fahrwiderstands liegt.

e) A n h a l t s w e r t e   ü b e r   d e n   F a h r w i d e r s t a n d   g e d r ü c k t e r   W a g e n

Die später noch zu erläuternden Lokomotiv-Kennlinien gaben die Möglichkeit, aus dem Strom- bzw. dem Geschwindigkeitsdiagramm der Lokomotive bei gegebener Fahrstufe die Kraft abzulesen, mit der die Lokomotive einen Zug zurückdrückt. Auf diese Weise konnten auch für Züge, die zurückgedrückt wurden, die Fahrwiderstände bestimmt werden. Die Ergebnisse dieser Untersuchungen sind folgende:

1) Beim Zurückdrücken von Leerwagen der üblichen Zuglängen in Richtung Schacht lagen alle Fahrwiderstandswerte gleichmässig um die Mittellinie des Fahrwiderstands Richtung Schacht verteilt; es ließ sich somit kein unterschiedliches Verhalten der Wagen beim Drücken und Ziehen Richtung Schacht feststellen.

2) Beim Zurückdrücken von Leerwagen in Richtung Feld lagen die Fahrwiderstandswerte vorwiegend über der Mittellinie des Fahrwiderstands für Leerzüge in Richtung Feld, aber im wesentlichen noch zwischen dieser und der oberen Streugrenze.

3) Beim Zurückdrücken von Kohlenzügen in Richtung Schacht lagen die Fahrwiderstandswerte ebenfalls um die Mittellinie des Fahrwiderstands für Kohlenzüge in Richtung Schacht innerhalb der Streugrenzen verteilt.

4) Beim Zurückdrücken von Kohlenzügen in Richtung Feld zeigte sich jedoch eine deutliche Abweichung des Fahrwiderstands von den beim Ziehen gemessenen Werten. Hier lag der Fahrwiderstand im Mittel 3 - 3,5 kg pro Wagen höher als die Mittellinie des Fahrwiderstands für in Richtung Feld gezogene Kohlenzüge, also wesentlich außerhalb der oberen Streugrenze.

Zusammenfassend kann man daher sagen: Die Laufeigenschaften der Leerwagen dieser Konstruktion ändern sich beim Zurückdrücken auf gerader Strecke im Zugverband in Richtung Schacht nicht (2°/oo konstantes Gefälle), in Richtung Feld nur wenig (2°/oo konstante Steigung). Die Laufeigenschaften der entsprechenden Kohlenwagen ändern sich beim Zurückdrücken auf gerader Strecke in Richtung Schacht ebenfalls wenig, ihr Fahrwiderstand erhöht sich jedoch beim Zurückdrücken in Richtung Feld um etwa 1/3 gegenüber dem beim Ziehen in Richtung Feld gemessenen Mittelwert.

Der Grund für dieses Verhalten beruht darauf, daß bei dem verhältnismäßig niedrigen Kraftbedarf für die Fortbewegung der leeren Wagen und der Kohlenwagen in Richtung Schacht nach Beendigung des Beschleunigungsabschnittes gelegentliche Stoßimpulse der Lokomotive ausreichen, um die Zuggeschwindigkeit aufrecht zu erhalten, so daß die Wagen selbst noch genügend Spiel haben, sich auf Grund der Konizität ihrer Laufkränze von selbst auf die Gleichgewichtslage einzupendeln und eine Spurkranzreibung so im allgemeinen vermieden wird. Beim Zurückdrücken der leeren Wagen Richtung Feld muß zwar eine größere Kraft für die Aufrechterhaltung der Zuggeschwindigkeit aufgebracht werden, und ein freies Spiel der Wagen tritt im allgemeinen nicht mehr ein, doch genügt bei schräg gedrückten Wagen infolge ihres geringen Gewichts bereits ein starkes Auslaufen der Laufkränze auf einen größeren Durchmesser oder ein leichtes Anlaufen des Spurenkranzes gegen die Schiene, um den Wagen wieder in die Gleichgewichtslage zu bringen. Beim Zurückdrücken von Kohlenwagen Richtung Feld sind dagegen die hierfür aufzubringenden Richtkräfte bei schräggedrückten Wagen infolge des wesentlich höheren Wagengewichtes auch wesentlich größer, so daß hier mit merklich stärkerer Spurkranzreibung zu rechnen ist, was eine wesentliche Erhöhung des Fahrwiderstands zur Folge hat.

f) Der Einfluß des Luftwiderstands und der Wettergeschwindigkeit

Im allgemeinen wird der Luftwiderstand bei Fahrzeugen mit geringer Geschwindigkeit als vernachlässigbar klein angesehen. Diese allgemeine Regel braucht für die untertägigen Verhältnisse mit ihren abgeschlossenen Strecken von beschränktem Querschnitt nicht ohne weiteres zuzutreffen. Die Beurteilung, ob und in welchem Masse der Luftwiderstand bei dem Zustandekommen der gemessenen Fahrwiderstandswerte eine Rolle spielt, konnte im Rahmen dieser Untersuchung nicht ermittelt werden. Festzustehen scheint aber, daß die Wettergeschwindigkeit den Fahrwiderstand nicht beeinflußt. Jedenfalls liessen sich zwischen Strecken mit einer Wettergeschwindigkeit von 3,6 m/s und solchen mit einer Wettergeschwindigkeit von 1,1 m/s keine Unterschiede im Fahrwiderstand ermitteln, die deutlich aus dem Rahmen der zu erwartenden Streuung herausgefallen wären.

g) Der Anfahrwiderstand

Der bei Wälzlagern ohnehin geringe Anfahrwiderstand wurde nicht untersucht, da er auf keinen Fall eine merkliche Erhöhung des Energieverbrauchs ergibt und auch für die Dimensionierung einer Lok keine Rolle spielen kann.

6. Die Fahrwiderstandswerte für den Förderbetrieb

In Abbildung 17 (s.S. 39) sind die für die Förderung wichtigen Fahrwiderstandswerte für den Leerzug Richtung Feld und den Kohlenzug Richtung Schacht bei einer konstanten Steigung von $2^o/oo$ dargestellt. Aus diesen geht hervor, daß sich der Energiebedarf für die Fortbewegung von Leer- und Kohlenzügen gleicher Länge in den normalen Fahrtrichtungen nach Erreichen einer konstanten Geschwindigkeit von 3 - 4 m/s nicht wesentlich unterscheidet. Der Fahrwiderstand des in Richtung Schacht fahrenden Kohlenzuges liegt bei niedrigen Geschwindigkeiten zwar unter dem des entsprechenden Leerzuges Richtung Feld, dafür aber ist die für die Beschleunigung erforderliche Energie im Anfahrabschnitt beim Kohlenzug größer als beim Leerzug, so daß Kohlenzug und Leerzug in grober Näherung bei dieser Förderwagentype in ihrem Energieverbrauch ungefähr gleichgesetzt werden können.

IV. Die Ergebnisse der Fahrwiderstandsmessungen auf anderen Schachtanlagen

1. Änderung der Meßmethode

Die Tatsache, daß andere zu untersuchende Anlagen keine Strecken konstanter Steigung zur Verfügung hatten und zum Teil auch keine neuen und zuverlässigen Höhenpläne der Strecken vorhanden waren, zwang zur Änderung der auf Schachtanlage 1 verwendeten Meßmethoden.

Aus den bisher und im weiteren Verlauf dieser Abhandlung veröffentlichten Diagrammen ist ohne weiteres ersichtlich, daß bei längeren Fahrten der Anteil der Beschleunigungsarbeit an der Gesamtzugarbeit gegenüber dem für die Überwindung des Fahrwiderstands und der Steigung erforderlichen Arbeitsanteil gering ist. Daher lag der Gedanke nahe, bei unbekanntem Gelände aus der auf einer größeren Strecke zwischen festgelegten Anfangs- und Endpunkten gemessenen Gesamtzugarbeit die mittlere Zugkraft zu bestimmen, um so nach entsprechender Berücksichtigung des mittleren Geländeeinflusses, bezogen auf den Höhenunterschied zwischen Anfangs- und Endpunkt der Strecke,

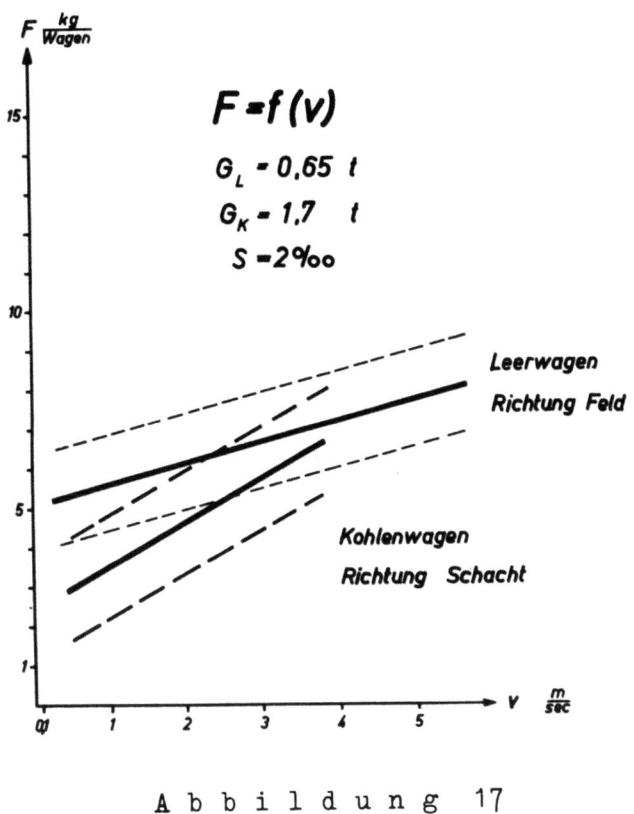

Abbildung 17

Abhängigkeit des Fahrwiderstands von der Geschwindigkeit
für Leerwagen Richtung Feld und Kohlenwagen
Richtung Schacht auf Schachtanlage 1

einen Näherungswert für den Fahrwiderstand zu erhalten. Wo die Steigung nicht bekannt war, konnte sie durch Fahrten in Richtung Feld und Schacht zwischen den gleichen Anfangs- und Endpunkten näherungsweise eliminiert werden.

Solange der Zugkraftmesser über dem Weg schreibt, die Zugkraft also in der Form $Z = f(E)$ mitgeschrieben wird, bietet dieses Verfahren keinerlei Schwierigkeiten, da die nach Ausplanimetrieren des Zugkraftdiagramms gewonnene Zugarbeit unmittelbar in mkg vorliegt und sich durch Division mit der gefahrenen Entfernung ohne weiteres in die gesuchte mittlere Zugkraft umrechnen läßt. Ist die Zugkraft jedoch über der Zeit geschrieben, also $Z = f(t)$, was sich für die Aufnahme der Lokkennlinien als zweckmässig erwies, so ist die geschriebene Fläche kein unmittelbares Maß für die geleistete Arbeit, da die bei gleicher Zugkraft in der Zeiteinheit geleistete Arbeit eine Funktion der Geschwindigkeit ist. Nur für den Fall, dass die Geschwindigkeit während des Zugablaufs als ungefähr konstant angesehen werden kann, ist die geschriebene Fläche proportional der geleisteten Arbeit und kann mit ausreichender Genauigkeit unmittelbar zur Bestimmung der Zugarbeit verwendet werden. Im anderen Fall muß das Diagramm $Z = f(t)$ mit Hilfe der aus dem Geschwindigkeitsdiagramm $v = f(t)$ zu entnehmenden Entfernungen in ein Diagramm $Z = f(E)$ umgewandelt werden.

Soweit neue und genaue Streckenaufnahmen vorlagen, konnten diese auch benutzt werden, um kürzere Strecken konstanter Steigung zu ermitteln, auf denen sich dann im Verlauf des Gesamtzugablaufs regelmässig konstante Z, v und J Werte einstellten. Solche Strecken müssen jedoch mindestens das 1 1/2 - bis 2-fache der Zuglänge betragen.

Außer in diesem letzten Fall wurde der Fahrwiderstand immer auf die Geschwindigkeit bezogen, die sich als mittlere Geschwindigkeit für den Zug ergab:

$$v_m = \frac{\text{Gesamtentfernung}}{\text{Gesamtfahrzeit}}.$$

Der vorwiegend oder ausschließlich über die Zugarbeit ermittelte Fahrwiderstand ist mit F_m bezeichnet zum Unterschied von dem bei konstanten Verhältnissen durch punktweise Auswertung ermittelten Fahrwiderstand F. Während die F - Werte als genau angesehen werden können, sind die F_m - Werte mindestens eine recht gute Näherung, die von den tatsächlichen Fahrwiderstandswerten nicht wesentlich abweichen dürften.

2. Ergebnis der Fahrwiderstandsmessungen auf Schachtanlage 2

a) **Kurze Kennzeichnung der Strecke und der Förderwagen**

1) Strecke: Gerade Strecke, Schienen der Seite und Höhe nach nicht ausgerichtet. Keine konstante Steigung.

Mittlere Steigung aus Fahrwiderstandsmessungen ermittelt zu 2°/oo zwischen Anfangs- und Endpunkt der Meßstrecke.

Schienenspur 600 mm mit Abweichungen bis max. 620 mm.

Schiene S 30 DIN 20 500, Schienenstöße: Scheidt-Plattenverbinder, Holzschwellen, Schwellenabstand etwa 800 mm. Gleisunterbau: Splitt und Gebirge. Beurteilung des Streckenzustandes: Strecke ist auch mit hoher Geschwindigkeit gut befahrbar; sie dürfte dem durchschnittlichen Zustand von Hauptstrecken entsprechen, die nicht mit besonderer Sorgfalt verlegt worden sind.

2) Förderwagen: Wageninhalt 1020 l, Länge über die Puffer 1650 mm, größte Kastenbreite 750 mm, Höhe von Schienenoberkante 1335 mm.

Leergewicht der Wagen G_L = 0,63 t bei gefederten Puffern, G_L = 0,56 t bei ungefederten Puffern. Gewicht mit Kohlen 1,7 t. Teils gefederte, teils ungefederte Puffer, ungefederter Wagenkasten, lose Kupplung. Kegellagerradsatz gemäss DIN 20553. Feste Achsen mit Losrädern, Achsstand 600 mm, Radspur 590 mm, Schienenspur 600 mm, mittlerer Laufkranzdurchmesser 347 mm, Konizität des Laufkranzes 1:30, Konizität des Spurkranzes 1:4.

Lagerarten: Kegelrollenlager DIN 720, Reihe 32210/32211 mit Labyrinthringdichtung. Konstruktive Ausführung entsprechend Abbildung 6.

b) **Ergebnis der Fahrwiderstandsmessung**

Das Ergebnis der Fahrwiderstandsmessungen ist aus Abbildung 18 bzw. 19 (s.S. 42) ersichtlich. Während der mittlere Fahrwiderstand der Leerwagen gleich groß war wie auf Schachtanlage 1, ergab sich für die Kohlenwagen ein um etwa 15% höherer Fahrwiderstand. Der Grund für diese Fahrwiderstandserhöhung bei den Kohlenzügen dürfte weniger in den schlechteren Streckenverhältnissen begründet sein, als vielmehr in der Tatsache, daß die Züge einzelne Wagen älterer Bauart enthielten, deren Lagerzustand offensichtlich wesentlich schlechter als der Durchschnitt war, was sich bei Belastung besonders stark bemerkbar machte.

3. Ergebnis der Fahrwiderstandsmessungen auf Schachtanlage 3

a) **Kurze Kennzeichnung der Strecke und Förderwagen**

1) Strecke: Gerade Strecke, Schienen der Seite und Höhe nach nicht ausgerichtet. Keine konstante Steigung. Mittlere Steigung ermittelt aus Fahrwiderstandsmessungen S_m = 0 °/oo. Schienenspur 588, bis max. 600 mm. Schiene: S 24 DIN 20500, Schienenstöße: Sawido-Gleisverbinder. Holzschwellen, Schwellenabstand 600 - 900 mm. Gleisunterbau: Splitt und Gebirge.

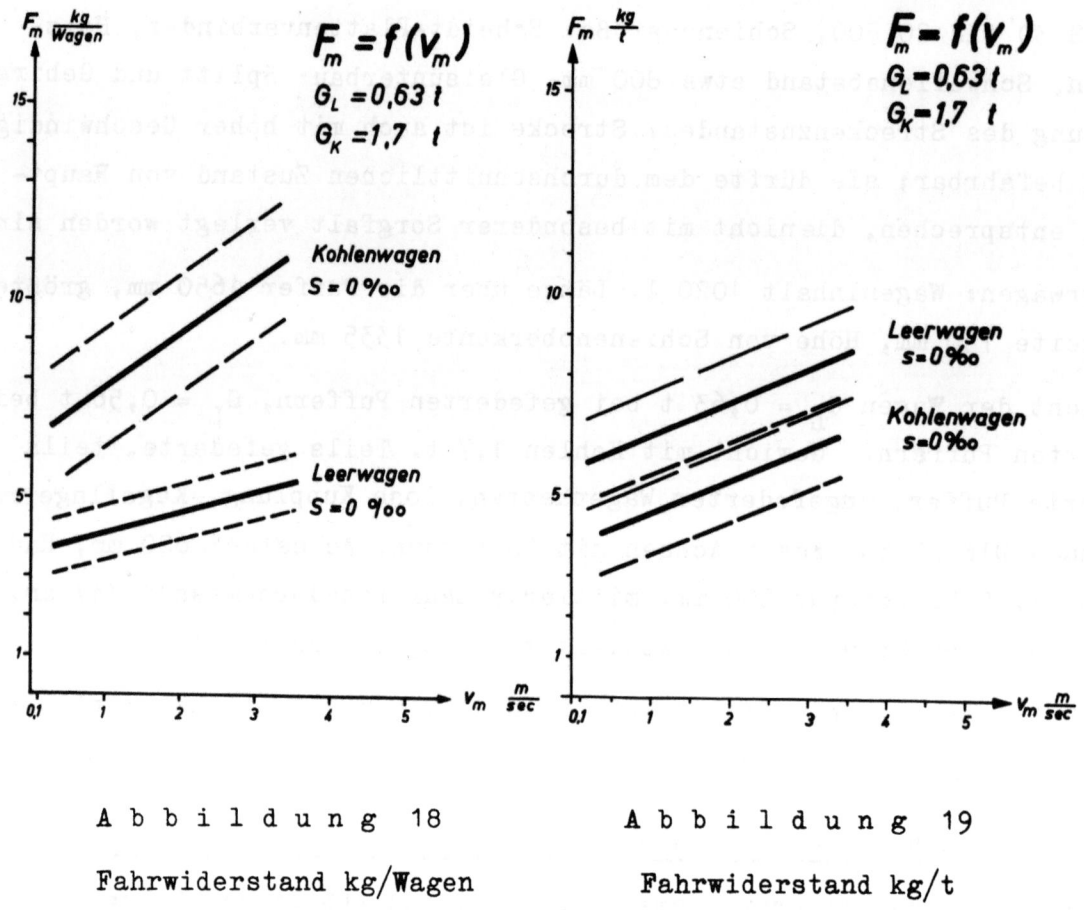

Abbildung 18
Fahrwiderstand kg/Wagen

Abbildung 19
Fahrwiderstand kg/t

Abhängigkeit des Fahrwiderstands der Förderwagen von der Geschwindigkeit.
Kegellagerradsatz DIN 20553, Kegellager DIN 720, Reihe 32210/32211
Schachtanlage 2. Wageninhalt 1020 l.

Beurteilung des Streckenzustands: Die Strecke ist sehr mäßig und mit hohen Geschwindigkeiten kaum befahrbar. Sie dürfte einer Hauptstrecke entsprechen, die nicht mit besonderer Sorgfalt verlegt worden ist und unter stark arbeitendem Gebirge leidet.

Abbildung 20 zeigt unter dem Zugkraftdiagramm einen schmalen Streifen, der über die starken mechanischen Erschütterungen des Meßwagens beim schnellen Durchfahren der Strecke Aufschluß gibt. Die Ausschläge rühren von einem durch eine Feder verstärkten Markengeber geringer Masse her, der auf guten und durchschnittlichen Strecken eine dünne, waagerechte Linie zeichnet und nur bei starken Erschütterungen einen Ausschlag gibt.

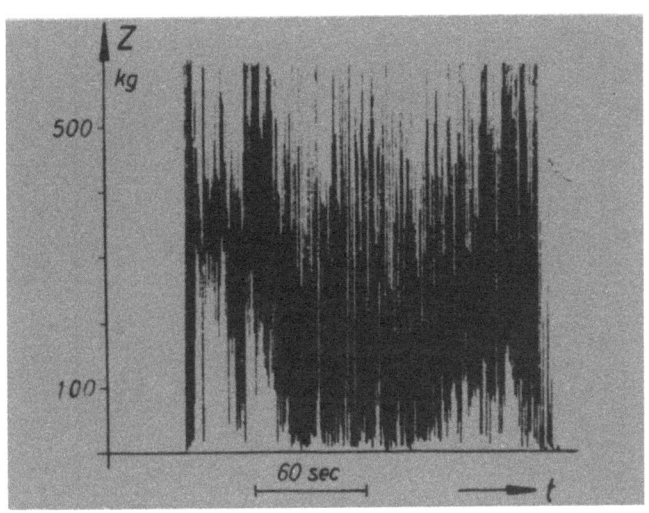

Abbildung 20

Der kleine Streifen unter dem Zugkraftdiagramm zeigt die bei
höherer Geschwindigkeit einsetzenden starken mechanischen Erschütterungen des Messwagens auf der sehr
mässigen Strecke der Schachtanlage 3

2) Förderwagen:

aa) Neuer Typ: Wageninhalt 911 l. Länge über die Puffer 1700 mm, Kastenbreite 730 mm, Gesamthöhe von Schienenoberkante 1180 mm. Leergewicht im Mittel G_L = 0,6 t. Gewicht mit Steinen im Mittel G_{St} = 1,7 t. Ungefederte Puffer, ungefederter Wagenkasten, lose Kupplung. Kegellagerradsatz gemäss DIN 20553: Feste Achsen mit Losrädern. Achsstand: 450 mm, Radspur 578 mm, Schienenspur 588 mm. Mittlerer Laufkranzdurchmesser 348 mm, Konizität des Laufkranzes 1:20, Konizität des Spurkranzes 1:4.

Lagerart: Kegelrollenlager DIN 720, Reihe 32210/32211 mit Labyrinthringdichtung. Konstruktive Ausführung entsprechend Abbildung 6.

bb) Alter Typ: Wageninhalt 911 l. Länge über die Puffer 1700 mm, Kastenbreite 724 mm, Gesamthöhe von Schienenoberkante 1146 mm. Leergewicht im Mittel G_L = 0,6 t. Gewicht mit Steinen im Mittel G_{St} = 1,7 t. Ungefederte Puffer, ungefederter Wagenkasten, lose Kupplung. Walzenlagerradsatz (Fetthülsenradsatz mit Walzenlagern) mit einem festen Rad auf umlaufender Achse (50 mm Durchmesser) und einem Losrad gemäss DIN 20554.

Forschungsberichte des Wirtschafts- und Verkehrsministeriums Nordrhein-Westfalen

A b b i l d u n g   21

Walzenlager und geöffnetes Seitendrucklager des Walzenlager-
radsatzes nach DIN 20554 auf Schachtanlage 3

Achsstand 450 mm, Radspur 578 mm, Schienenspur 588 mm. Mittlerer Laufkranzdurchmesser 332 mm, Konizität des Laufkranzes 1:25, Konizität des Spurkranzes 1:4.

Lagerart: Walzenlager mit Flachstahlringen, Rollen gehärtet und geschlif-
fen, in Zapfenführung laufend. Rollenzahl 11, Rollendurchmesser 15 mm,
Rollenlänge 68 mm.

Im übrigen wie Abbildung 21.

Ferner Seitendrucklager in Form eines geschlossenen Axialkugellagers. Aufbau der Lager nach Abbildung 21.

b) **E r g e b n i s   d e r   F a h r w i d e r s t a n d s m e s s u n g**

1) Neuer Wagentyp

Die in Abbildung 22 und 23 (s.S. 45) dargestellten Ergebnisse der Messungen an dem neuen Wagentyp beruhen auf verhältnismässig wenigen Fahrten und
sind deshalb weniger gut untermauert. Der Fahrwiderstand der Leerwagen liegt

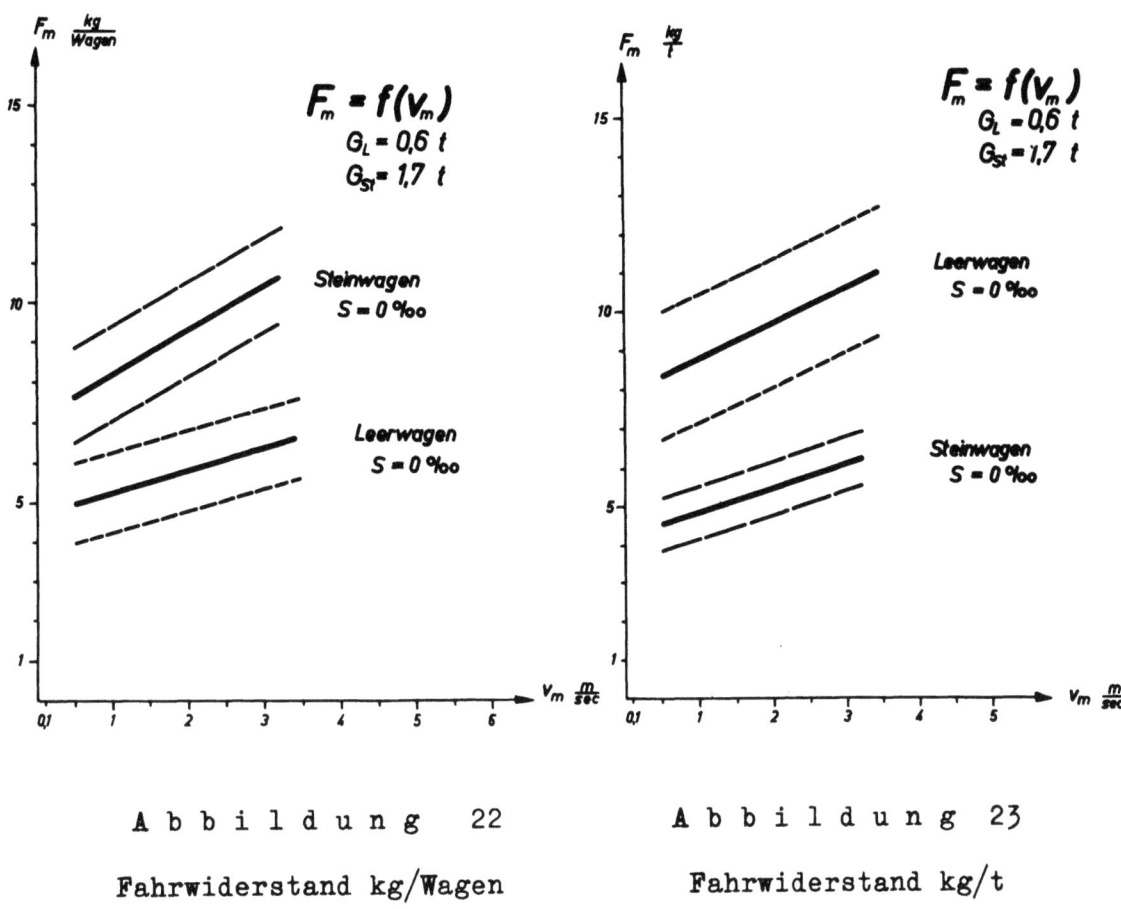

Abbildung 22
Fahrwiderstand kg/Wagen

Abbildung 23
Fahrwiderstand kg/t

Abhängigkeit des Fahrwiderstands der Förderwagen von der Geschwindigkeit
Kegellagerradsatz DIN 20553, Kegellager DIN 720, Reihe 32210/32211
Schachtanlage 3. Wageninhalt 911 l.

über den auf Schachtanlage 1 und 2 gemessenen Werten, der Fahrwiderstand der mit Steinen beladenen Wagen deckt sich etwa mit den auf Schachtanlage 2 ermittelten Werten für gleich schwere Kohlenwagen. Der erhöhte Fahrwiderstand bei Leer- und Kohlenwagen dürfte auf zwei Ursachen zurückzuführen sein, und zwar

auf die schlechteren Streckenverhältnisse und auf die Tatsache, daß bei diesen Wagen der Achsstand kleiner ist als die Schienenspur, was eine schlechtere Führung des Wagens in den Schienen zur Folge hat.

2) Alter Wagentyp

Die Ergebnisse der Fahrwiderstandsmessungen an dem mit Walzenlagerradsätzen ausgerüsteten alten Wagentyp, die in Abbildung 24 bzw. 25 dargestellt sind, zeigen starke Unterschiede zwischen dem Fahrwiderstand der leeren

Forschungsberichte des Wirtschafts- und Verkehrsministeriums Nordrhein-Westfalen

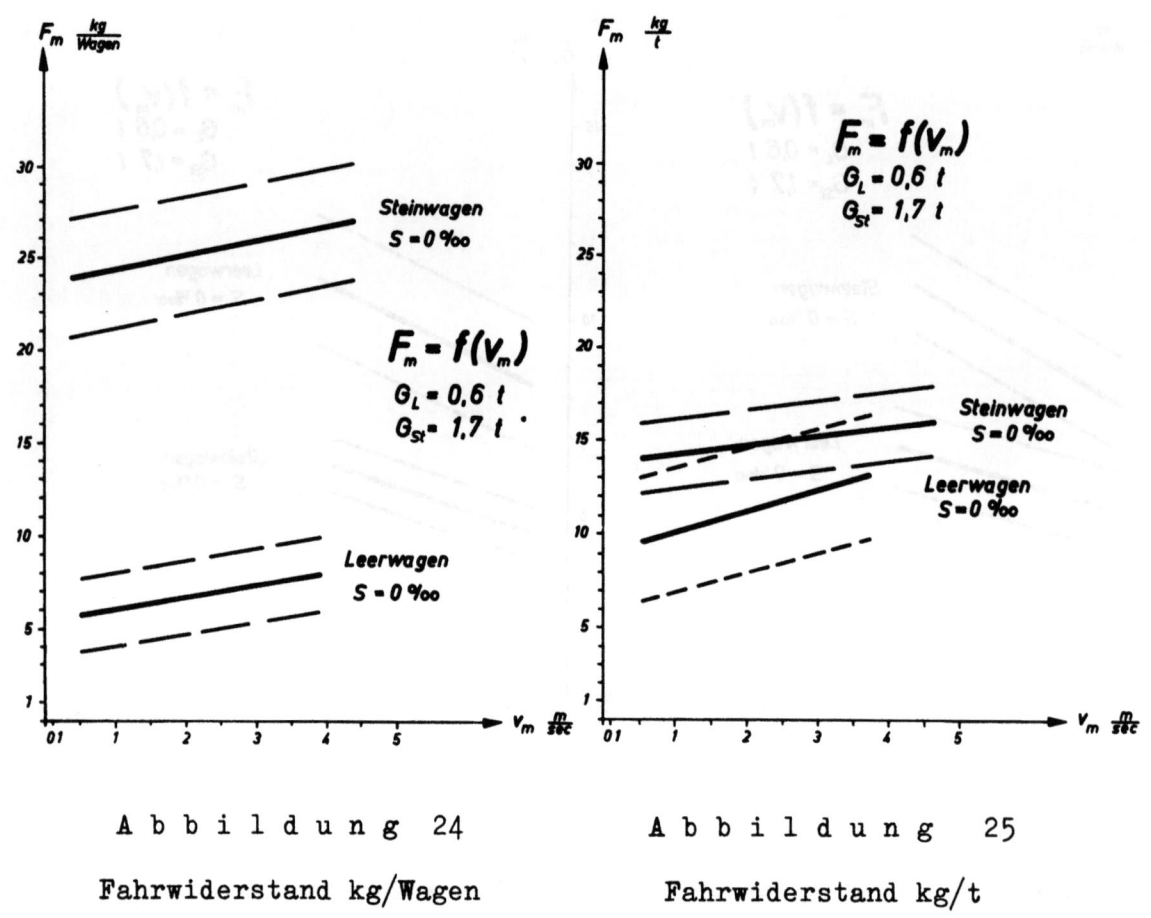

Abbildung 24
Fahrwiderstand kg/Wagen

Abbildung 25
Fahrwiderstand kg/t

Abhängigkeit des Fahrwiderstands der Förderwagen von der Geschwindigkeit.
Walzenlagerradsatz DIN 20554, Lager nicht genormt,
Ausführung Abbildung 21 Schachtanlage 3
Wageninhalt 911 l.

und der belasteten Wagen. Während der Fahrwiderstand der Leerwagen um etwa die Hälfte höher lag als bei den Kegellagerradsätzen der Schachtanlagen 1 und 2, betrug der Fahrwiderstand der mit Steinen beladenen Wagen ungefähr das Zweieinhalb- bis Dreifache. Die starke Erhöhung des Fahrwiderstands bei belasteten Wagen beruht auf der Durchbiegung der Achsen und der damit verbundenen ungleichmässigen Beanspruchung der einzelnen Walzen, die dann nur noch mit einem Teil ihrer Länge auf der Achse aufliegen und hoher Materialbeanspruchung unterworfen sind. Auf diese Zusammenhänge haben bereits PLESSOW sowie OSTERMANN in ihren Veröffentlichungen hingewiesen. Das außerdem vorhandene starke Axialspiel, das bei Walzenlagerradsätzen nicht zu vermeiden ist und das in die Größenordnung von cm gehen kann, hat einen starken Verschleiß der Korbringe und der Walzenköpfe zur Folge. Abbildung 26 zeigt links einen fabrikneuen Rollenkorb und links daneben den unbeschädigten Kopf einer neuen Walze. Der rechte, aus einem Förderwagen ausgebaute Korb zeigt starke Verschleißerscheinungen. Zwei Walzen sind infolge der locker gewordenen Verbindung zwischen Ober- und Unterring bereits ausgefallen. Die nur noch locker sitzenden Haltebolzen der beiden Ringe sind bei dem defekten Korb ohne weiteres zu erkennen.

Abbildung 26

Walzenlager. Links fabrikneues, rechts aus Förderwagen ausgebautes Lager mit starken Verschleißerscheinungen an den Stahlringen und Walzenköpfen

Im unteren Ring sind die Lager der Walzenzapfen zu erkennen, von denen das linke nur geringe, das rechte dagegen starke Verschleißerscheinungen zeigt. Auch die Rolle links von dem vorderen Haltebolzen hat sich bereits tief in den unteren Ring eingearbeitet. Die rechts neben dem defekten Korb liegende Walze weist starke Verschleißerscheinungen an ihrem Kopf auf.

Bei der Durchführung dieser Fahrwiderstandsmessungen an Walzenlagerradsätzen wurde die Feststellung gemacht, daß die gemessenen Werte nicht nur von

Forschungsberichte des Wirtschafts- und Verkehrsministeriums Nordrhein-Westfalen

Zug zu Zug stark schwanken, sondern daß sich auch bei ein und demselben Zug unter sonst gleichen Bedingungen immer wieder andere Fahrwiderstandswerte einstellen, im Gegensatz zu den mit Kegellagerradsätzen ausgerüsteten Wagen, wo bei der Wiederholung eines Versuchs mit denselben Wagen unter denselben Bedingungen immer wieder derselbe Fahrwiderstand ermittelt wurde. Die Streuung bei Walzenlagerradsätzen war so groß, daß sich bei denselben Wagen keine einheitliche Tendenz der Zunahme des Fahrwiderstands mit steigender Geschwindigkeit nachweisen ließ. Zwar zeigen alle Meßpunkte zusammengenommen eine steigende Tendenz des Fahrwiderstands mit der Geschwindigkeit, doch gilt dies nur für die Gesamtheit aller Meßbeobachtungen und braucht für einen bestimmten Zug nicht zuzutreffen. Nur mit dieser Einschränkung ist die Kennlinie $F_m = f(v_m)$ für Walzenlagerradsätze dieser Konstruktion zu verstehen.

4. Ergebnis der Fahrwiderstandsuntersuchungen auf Schachtanlage 4

a) Kurze Kennzeichnung der Strecke und Förderwagen

1) Strecke: Gerade Strecke, Schienen der Seite und Höhe nach nicht ausgerichtet. Keine konstante Steigung.

Höhenprofil siehe Abbildung 44 (stark ausgezogen), Schienenspur 545 mm bis max. 555 mm, in Kurven bis 565 mm. Schienen: S 30 DIN 20500, Schienenstöße: Sawido-Gleisverbinder. Holzschwellen, Schwellenabstand ungefähr 600 mm, Splitt.

Beurteilung des Streckenzustandes: Strecke ist auch mit hoher Geschwindigkeit befahrbar; sie dürfte dem durchschnittlichen Zustand von Hauptstrecken entsprechen, die nicht mit besonderer Sorgfalt verlegt worden sind. Die Strecke entspricht etwa den Verhältnissen der Schachtanlage 2.

2) Förderwagen: Großraumwagen ähnlich Typ G 3000 DIN 20570. Inhalt 3000 l. Länge über die Puffer 3320 mm, Kastenbreite 1050 mm, Gesamthöhe von Schienenoberkante 1400 mm.

Leergewicht $G_L = 1,3$ t. Gewicht mit Kohlen im Mittel $G_K = 4,3$ t. Gefederter Puffer, gefederter Wagenkasten, lose Kupplung. Kegellagerradsatz gemäss DIN 20553. Feststehende Achsen mit Losrädern, Achsstand 1250 mm, Radspur 540 mm, Schienenspur 545 mm. Mittlerer Laufkranzdurchmesser 318 mm, Konizität des Laufkranzes 1:18, Konizität des Spurkranzes 1:2,9.

Forschungsberichte des Wirtschafts- und Verkehrsministeriums Nordrhein-Westfalen

Lagerart: Kegelrollenlager DIN 720, Reihe 32214/32215. Konstruktive Ausführung entsprechend Abbildung 6.

b) Ergebnis der Fahrwiderstandsmessungen

In Abbildung 27 bzw. 28 ist das Ergebnis der Untersuchung dargestellt. Auf den Förderwagen bezogen ergibt sich, daß der absolute Wert des Fahrwiderstands des leeren 3000 l-Wagens wesentlich unter dem leerer 1000 l-Wagen liegt, wogegen der Fahrwiderstand der Kohlenwagen größer ist als der der 1000 l-Wagen. Der allgemein vermutete geringere Fahrwiderstand pro Tonne von Großraumwagen wird damit - wenigstens für diese Wagenart - auch experimentell bestätigt.

Es sei hier jedoch ausdrücklich darauf hingewiesen, daß diese niedrigen Fahrwiderstandswerte nicht ohne weiteres und bedenkenlos auch für andere Großraumwagen übernommen werden können. Der Verfasser hat auf einer anderen Schachtanlage Untersuchungen an Großraumwagen eines größeren Typs anderer Konstruktion durchgeführt, die sehr viel höhere Fahrwiderstandswerte ergaben, über die in diesem Zusammenhang aber nichts ausgesagt werden kann, da die Gründe für diese Tatsache erst noch einer eingehenden Klärung bedürfen.

V. Kurze Zusammenfassung und Vergleich der Fahrwiderstandswerte

1. Vergleich der Förderwagen um 1 000 l.

Abbildung 29 (s.S. 51) zeigt die Zusammenfassung der Meßergebnisse an den mit Kegellagerradsätzen ausgerüsteten Förderwagen der Schachtanlagen 1, 2 und 3 für die Steigung $S = 0$. Der Übersichtlichkeit wegen ist lediglich der mittlere Fahrwiderstand aufgetragen, der zur Berechnung von Durchschnittswerten ja auch nur benötigt wird. Aus dem Vergleich der Widerstandskennlinien ergibt sich folgendes:

a) Für Förderwagen mit einem Wageninhalt um 1000 l, die mit Kegellagerradsätzen gemäss DIN 20553 ausgerüstet sind und Lager der Type 32 210/211 enthalten, weichen die Fahrwiderstandswerte nur verhältnismässig wenig voneinander ab.

Forschungsberichte des Wirtschafts- und Verkehrsministeriums Nordrhein-Westfalen

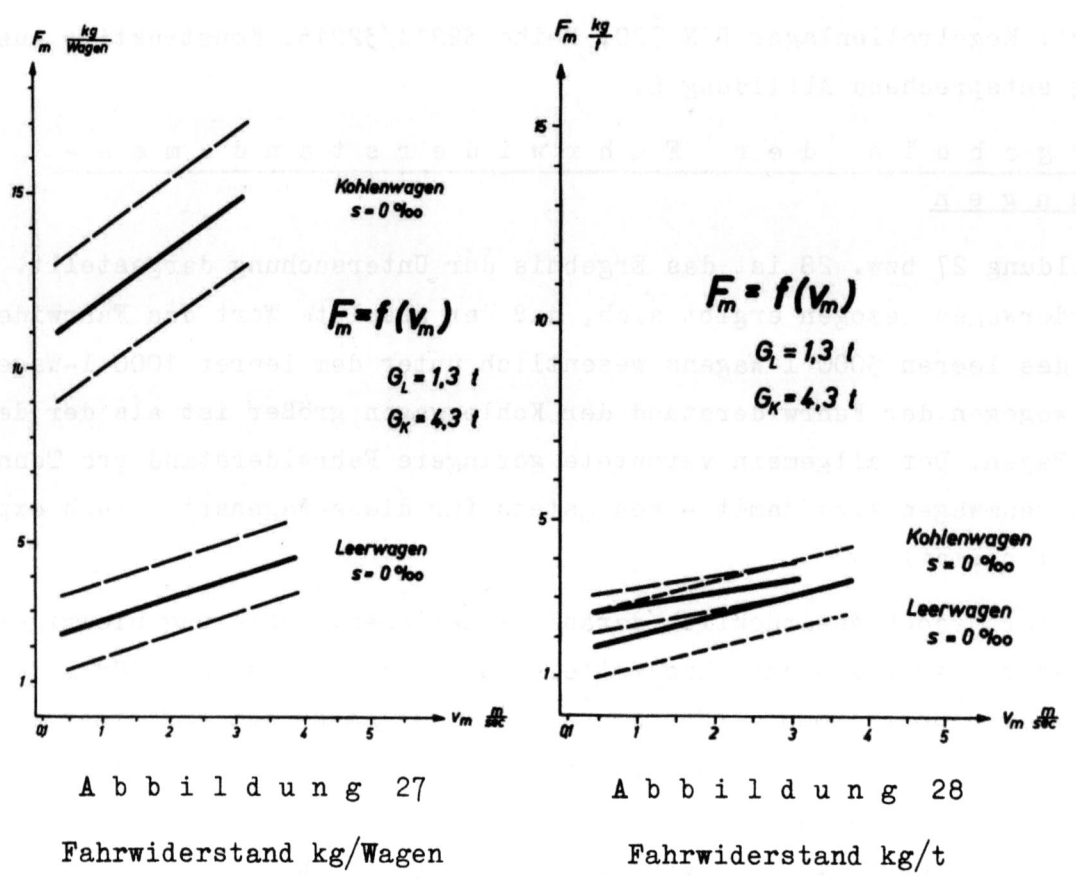

Abbildung 27
Fahrwiderstand kg/Wagen

Abbildung 28
Fahrwiderstand kg/t

Abhängigkeit des Fahrwiderstands der Förderwagen von der Geschwindigkeit.
Kegellagerradsatz DIN 20553, Kegellager DIN 720, Reihe 32214/32215
Schachtanlage 4. Wageninhalt 3000 l.

b) Die unter stark unterschiedlichen Streckenverhältnissen gemessenen Fahrwiderstandswerte lassen den Schluß zu, daß selbst verhältnismäßig schlechte Strecken keine so bedeutende Fahrwiderstandserhöhung zur Folge haben, wie gemeinhin angenommen wird.

c) Es erscheint zulässig, für Förderwagen zwischen 900 und 1200 l, sofern diese mit Kegellagerradsätzen gemäss DIN 20553 ausgerüstet sind und Lager der Type 32 210/211 enthalten, was für die Mehrzahl aller neueren Förderwagen zutrifft, einen mittleren Fahrwiderstand anzugeben, der zwischen den auf Schachtanlage 1 unter vorbildlichen Streckenverhältnissen und den auf Schachtanlage 3 unter sehr mässigen Streckenverhältnissen festgestellten Werten liegt und damit als Durchschnittswert für alle Schachtanlagen ohne besondere Berücksichtigung der Streckenverhältnisse und des Schmierungszustands der Lager angesehen werden kann.

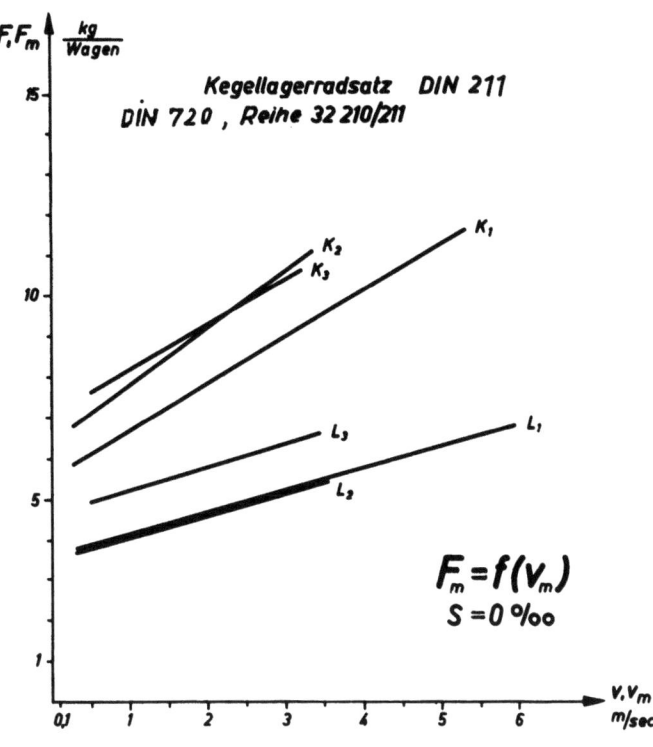

Abbildung 29

Vergleich der Fahrwiderstandsergebnisse an mit Kegellagerradsätzen ausgerüsteten Förderwagen zwischen 900 und 1200 l Inhalt der Schachtanlagen 1-3.
Kegellagerradsatz DIN 20553, Lager DIN 720, Reihe 32210/211

Schacht-anlage	Strecken-zustand	Wagen-inhalt(l)	Mittl.Wagengewicht L (t)	K (t)
1	vorbildl.	1180	0,65	1,7
2	gut	1020	0,63	1,7
3	sehr mäßig	911	0,6	1,7

Nach dem Zusammenhang

$$F = F_o + \frac{\Delta F}{\Delta v} v$$

können für Förderwagen von 900 - 1200 l Inhalt, sofern diese mit Kegellagerradsätzen nach DIN 20553 und Lagern nach DIN 720, Reihe 32210/211, ausgerüstet sind, zahlenmäßig folgende Fahrwiderstandswerte je Förderwagen für gerade, ebene Strecken gelten:

	Leere Wagen
Betriebsnormal sehr günstig	$F_L \frac{kg}{L} = 3{,}6 \frac{kg}{L} + 0{,}55 \frac{kg/L}{m/s} \cdot v \frac{m}{s}$
Betriebsnormal ungünstig	$F_L \frac{kg}{L} = 4{,}6 + 0{,}55 \cdot v \frac{m}{s}$
Mittlerer betriebsnormaler Wert	$F_L \frac{kg}{L} = 4{,}1 + 0{,}55 \cdot v \frac{m}{s}$
	Beladene Wagen
Betriebsnormal sehr günstig	$F_K \frac{kg}{K} = 5{,}5 + 1{,}15 \cdot v \frac{m}{s}$
Betriebsnormal ungünstig	$F_K \frac{kg}{K} = 7{,}0 + 1{,}2 \cdot v \frac{m}{s}$
Mittlerer betriebsnormaler Wert	$F_K \frac{kg}{K} = 6{,}2 + 1{,}2 \cdot v \frac{m}{s}$

Hierbei ist F_o lediglich ein Rechenwert, der nicht dem Fahrwiderstand des Förderwagens beim Anfahren gleichgesetzt werden darf.

Diese Fahrwiderstandswerte dürfen nicht angewendet werden auf aussergewöhnlich schlechte Strecken, vor allem nicht auf solche, die Gleisverengungen mit erhöhter Spurkranzreibung aufweisen.

2. Ergänzender Vergleich zwischen 1000 l-Wagen mit Kegellager- bezw. Walzenlagerradsatz und 3000 l-Wagen

Abbildung 30 (s.S. 53) zeigt die Kennlinien des mittleren Fahrwiderstands der Leer- und Kohlenwagen für die

1) mit Kegellagerradsätzen ausgerüsteten 900 - 1200 l-Wagen der Schachtanlagen 1 bis 3,

2) mit Walzenlagerradsätzen ausgerüsteten 900 l-Wagen der Schachtanlage 3,

3) mit Kegellagerradsätzen ausgerüsteten 3000 l-Wagen der Schachtanlage 4.

a) Vergleich zwischen Kegel- und Walzenlagerradsatz

Der wesentlich größere Fahrwiderstand der mit den angegebenen Walzenlagern ausgerüsteten Förderwagen, besonders bei Belastung, gegenüber den mit Kegellager ausgerüsteten Wagen gleicher Größe und der hieraus zu erwartende höhere Energieverbrauch ist aus dem Diagramm ohne weiteres zu erkennen.

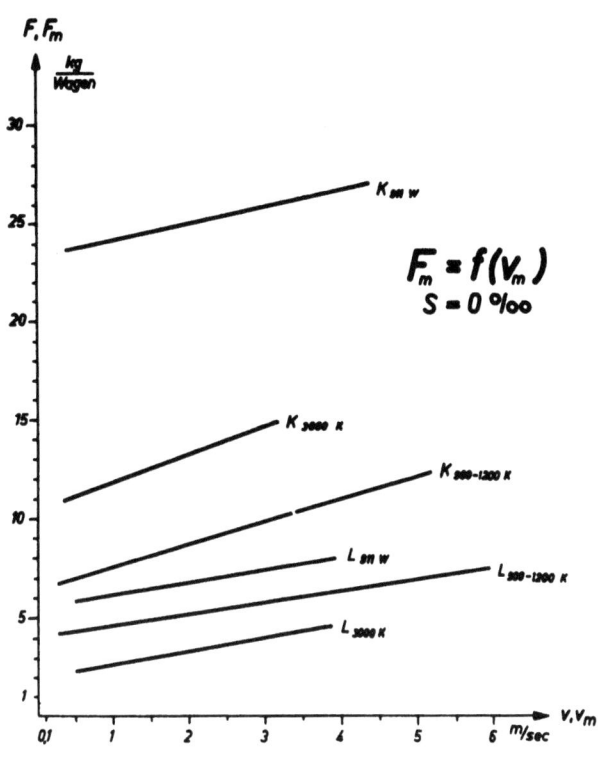

Abbildung 30

Vergleich der Fahrwiderstandsergebnisse an Leerwagen (L) und
Kohlenwagen (K) von 900 - 1200 l und 3000 l Inhalt mit
Kegellagerradsätzen (k) und Walzenlagerradsätzen (w)

Wagen-inhalt(l)	Schacht-anlage	Radsatz	DIN	Lagertyp	Wagengewicht L (t) K	
ca. 900 - 1200	1 - 3	Kegellager	20553	32210/211	0,6-0,65	1,7
911	3	Walzenlager	20554	Rollenkorb	0,6	1,7
3000	4	Kegellager	20553	32214/215	1,3	4,3

Es sei hier ausdrücklich darauf hingewiesen, daß die bei der Untersuchung dieser Walzenlagerkonstruktion ermittelten Fahrwiderstandswerte nicht ohne weiteres verallgemeinert und auf andere Walzenlagerkonstruktionen übertragen werden dürfen. Zwar sind Walzenlagerradsätze grundsätzlich in jeder Beziehung den Kegellagerradsätzen unterlegen, doch bestehen bezüglich des Fahrwiderstands in Abhängigkeit von der Lagerkonstruktion und vom Lagerzustand erhebliche Unterschiede und es kann auf Grund anderer Untersuchungen, auf die am Schluß dieses Kapitels noch eingegangen wird, geschlossen werden, daß bei anderen Walzenlagerkonstruktionen möglicherweise geringere Fahrwiderstandswerte auftreten können.

b) Vergleich zwischen 1000 l- und 3000 l- Wagen

Vergleicht man den Fahrwiderstand des 3000 l-Wagens mit dem des 1000 l-Wagens, die beide mit Kegellagern ausgestattet sind, bezüglich des transportierten Nutzgewichts, so ergeben die für den Transport des äquivalenten Fassungsvermögens erforderlichen 3 Leerwagen von je 1000 l Inhalt einen Fahrwiderstand, der viermal so groß ist wie der des Grossraumwagens. Auch beim Kohlenwagen ist der Fahrwiderstand der äquivalenten 3 Wagen zu je 1000 l noch ungefähr doppelt so groß wie der eines dieselbe Kohlenmenge transportierenden Grossraumwagens. Aus dieser überschlägigen Betrachtung geht die mit dem Einsatz von Grossraumwagen verbundene Energieersparnis ohne weiteres hervor.

3. Der Fahrwiderstand in Kurven

Die hier veröffentlichten Fahrwiderstandswerte beziehen sich auf die gerade Strecke. Systematische Messungen über den Fahrwiderstand in Kurven wurden im Rahmen dieser Untersuchung nicht unternommen. Hierzu lag auch insofern keine zwingende Notwendigkeit vor, als die bereits erwähnte Veröffentlichung von PLESSOW (2) sich mit dem Fahrwiderstand in Kurven ausführlich befasst. Die dort veröffentlichten Werte über den zusätzlichen Krümmungswiderstand in Kurven beziehen sich allerdings nur auf Geschwindigkeiten unter 1 m/s und nur auf einen angehängten Wagen. Es ist anzunehmen, daß der tatsächliche zusätzliche Krümmungswiderstand im Zugverband und bei höherer Geschwindigkeit von diesen Angaben abweicht, doch können diese Angaben bis zum Vorliegen neuerer, unter Betriebsbedingungen ermittelter Werte mindestens als guter Anhalt dienen.

VI. Vergleich der Meßergebnisse mit früheren Untersuchungen

Als Abschluß dieses Abschnitts über den Fahrwiderstand von Förderwagen im Zugverband soll hier noch kurz auf die wesentlichsten Veröffentlichungen eingegangen werden, die sich mit dem Fahrwiderstand von Förderwagen befasst haben. Ein echter Vergleich der Fahrwiderstandswerte ist hierbei

Forschungsberichte des Wirtschafts- und Verkehrsministeriums Nordrhein-Westfalen

nicht möglich, da die vorstehend mitgeteilten Werte die ersten sind, die im Zugverband und unter Betriebsbedingungen untertage ermittelt wurden, während alle dem Verfasser bekannten früheren Veröffentlichungen mehr oder weniger die Ergebnisse von Prüfstandversuchen über Tage sind. Ein weiterer Grund, der einen echten Vergleich ausschließt, ist die Tatsache, daß fast alle der früher untersuchten Lager- und Radsatzarten inzwischen veraltet sind und von den hier untersuchten zum Teil so stark abweichen, daß ein sinnvoller Vergleich jeder Grundlage entbehrt. Hinzu kommt noch, daß erstaunlich oft die untersuchten Lagerarten überhaupt nicht näher oder doch nur ungenügend beschrieben oder gekennzeichnet sind, so daß auch aus diesem Grunde die Vergleichsgrundlage fehlt.

1) Als erste Veröffentlichung sei hier die sich mit Kugel- und Rollenlagerradsätzen für Förderwagen befassende Veröffentlichung von SCHULTE aus dem Jahre 1910 erwähnt (1). Bei allerdings geringerem Wagengewicht kommen die für einen mit Kegelrollenlagerradsätzen ausgerüsteten Förderwagen an einem Ablaufberg festgestellten Fahrwiderstandswerte in die Größenordnung der auf Schachtanlage 1 im Zugverband ermittelten Werte. Leider geht die Ausführungsart des untersuchten Kegellagerradsatzes aus der Veröffentlichung nicht hervor.

2) Etwa gleichzeitig veröffentlichten PLESSOW und OSTERMANN im Jahre 1933 die Ergebnisse ihrer Untersuchungen (2 - 4). PLESSOW führte mit Hilfe eines Torsionsdynamometers Fahrwiderstandsmessungen an einem einzelnen durch eine Akkulok gezogenen Förderwagen auf geschlossener Bahn durch. Die Bahn enthielt neben geraden Strecken auch Kurven verschiedener Radien zur Ermittlung des Kurveneinflusses. Die Fahrgeschwindigkeit betrug nicht über 1 m/s. Alle von P. untersuchten Förderwagenarten hatten Fetthülsenradsätze ähnlich DIN 20554, also umlaufende Achsen mit einem festen und einem losen Rad. Die mit Walzenlagern ausgerüsteten Radsätze ergaben bei P. auf gerader Strecke wesentlich niedrigere Werte als die auf Schachtanlage 3 an vergleichbaren Radsätzen gemessenen Fahrwiderstandswerte.

Bei einer Konizität des Laufkranzes von 1:20 betrugen die von P. ermittelten Fahrwiderstandswerte 3,6 bis 5,5 kg/t für Leerwagen und 3,4 bis 5,9 kg/t für belastete Wagen; bei einer Konizität von 1:32 ergaben sich 5,7 bis 7,6 kg/t für Leerwagen und 4,8 bis 7,3 kg/t für belastete Wagen. Dagegen lagen die auf Schachtanlage 3 bei einer Konizität von 1:25 gemessenen Werte bei vergleichbarem Wagengewicht und einer vergleichbaren Geschwindigkeit von etwa 1 m/s im Mittel um 10 kg/t für Leerwagen und um 14 kg/t für Kohlenwagen.

Der Grund hierfür dürfte einmal darin liegen, daß die von P. untersuchten Walzenlagerradsätze vermutlich Walzenlager anderer Konstruktionen enthielten. Zum anderen waren die Walzenlager auf Schachtanlage 3 durch die sehr mässigen Streckenverhältnisse wohl auch mechanisch so stark mitgenommen, daß sie schon aus diesem Grunde wesentlich schlechtere Laufeigenschaften zeigen mußten.

Die mit Kegellagern ausgerüsteten Fetthülsenradsätze, die somit anderer Konstruktion waren als die hier zum Vergleich herangezogenen Kegellagerradsätze gemäss DIN 20553, ergaben bei P. einen Fahrwiderstand von etwa 5 kg/t bei Leerwagen bzw. 3,8 kg/t bei belasteten Wagen gegenüber den auf Schachtanlage 1 unter ebenfalls sehr guten Streckenverhältnissen gemessenen Werten von 6,5 kg/t für den Leerwagen und 4 kg/t für den Kohlenwagen bei einer Vergleichsgeschwindigkeit von 1 m/s. Auch hierbei war das Wagengewicht ungefähr gleich.

OSTERMANN berechnete theoretisch den zu erwartenden Fahrwiderstand auf Grund von Prüfstandmessungen an Lagern verschiedener Ausführung. Die Versuche wurden mit veränderlicher Lagerbelastung und Drehzahl durchgeführt. Um den Einfluß von Erschütterungen auf den Fahrwiderstand zu ermitteln und gleichzeitig den Streckenverhältnissen untertage möglichst nahe zu kommen, wiederholte er die zuerst bei ruhenden Lagern aufgenommenen Versuchsreihen unter Erschütterung der Lager. Bei den - konstruktiv allerdings anders ausgeführten - Kegellagern fallen die von O. auf Grund der Prüfstandsmessungen theoretisch vorausberechneten Fahrwiderstandswerte im Mittel in den Bereich der für die Kegellagerradsätze gemäß DIN 20553 ermittelten Werte; allerdings ist die tatsächliche Abhängigkeit des Fahrwiderstandes von der Geschwindigkeit wesentlich größer als bei O. angenommen.

Für die Walzenlager ergeben sich bei O. - wenigstens bei den Konstruktionen, die er als brauchbar ansieht - ähnliche Fahrwiderstandswerte wie bei den Kegelrollenlagern der von ihm untersuchten Bauart. Auch unterscheiden sich die Fahrwiderstände der belasteten und unbelasteten Wagen kaum. In einer späteren Veröffentlichung über den Fahrwiderstand frei ablaufender Förderwagen allerdings liegen die von ihm gemessenen Werte für Walzenlager höher als die für Kegelrollenlager. Aus den PLESSOWschen Versuchen zieht

O. hierbei den Schluß, daß gezogene Wagen in ihrem Fahrwiderstand etwa 50 bis 60% unter dem frei ablaufenden Wagen liegen müssen. Wendet man diese Feststellung auf seine Versuchsergebnisse bei frei ablaufenden, mit Kegelrollenlager ausgerüsteten Förderwagen an, so liegen diese Werte um ca. 5 kg/t für Leerwagen und 3,5 kg/t für belastete Wagen, die den im Zugverband auf Schachtanlage 1 ermittelten Werten von etwa 6,5 kg/t bzw. 4 kg/t bei einer Vergleichsgeschwindigkeit von 1 m/s schon recht nahe kommen. Allerdings ist auch dieser Vergleich nur mit Einschränkungen möglich, da es sich bei dem von O. untersuchten Radsatz um denselben Fetthülsenradsatz handelt, wie ihn PLESSOW untersuchte und der konstruktiv von dem hier untersuchten Kegelradsatz nach DIN 20553 abwich.

3) Zum Schluß seien noch die in den Jahren 1935 und 1938 veröffentlichten Untersuchungen von MÜLLER-NEUGLÜCK (5) erwähnt. Hierbei handelt es sich um Prüfstandversuche, in denen Förderwagenfahrgestelle mit verschiedenen Radsätzen einer Dauerprüfung mittels endloser Schiene unter verschiedener Belastung und bei gleichbleibender Geschwindigkeit unterworfen wurden. Sie hatten zum Ziel, die von den einzelnen Lagerarten bewältigten Fahrstrecken und den hierbei auftretenden Verschleiß durch Dauerversuche festzustellen. Diese Messungen lassen nur einen relativen Vergleich zwischen den einzelnen Lagerarten zu. Sie können nicht zu Folgerungen auf die Größe der Fahrwiderstände benützt werden.

C. Die Berechnung der Fahrdiagramme und der Fahrbetriebswerte

I. Die Lokomotivkennlinien

1. Grundsätzliches über die Akkumulatorlokomotiven

a) Der Motor

Die Akkuloks untertage sind mit Gleichstromhauptschlußmotoren ausgerüstet, die in der Regel weder Wendepole noch Kompensationswicklungen besitzen. Die Motoren sind im allgemeinen als Tatzlagermotoren ausgeführt, bei denen die Kraftübertragung auf die Antriebsachse der Lok durch ein Stirnradvorgelege erfolgt. Vereinzelt werden in die Lokomotiven auch schlagwettergeschützte Elektromotoren in der normalen Bauform B 5 eingebaut; die Kraftübertragung erfolgt dann durch Kette und Kettenrad. In der Regel arbeitet auf jede Lokachse ein Motor.

Forschungsberichte des Wirtschafts- und Verkehrsministeriums Nordrhein-Westfalen

Wie bei jedem Elektromotor besteht beim Gleichstromhauptschlußmotor auf Grund seiner Charakteristik ein eindeutiger Zusammenhang zwischen dem abgegebenen Drehmoment, der Drehzahl und der Stromaufnahme. Für jede gegebene Spannung legt eine Kennlinie das Betriebsverhalten des Motors fest. Damit wird gleichzeitig auch das Betriebsverhalten der mit diesem Motor ausgerüsteten Lokomotive im wesentlichen festgelegt. Die Lokkennlinien unterscheiden sich jedoch von den Motorkennlinien nicht nur quantitativ, sondern auch qualitativ. Die Ursache hierfür liegt einmal in den zusätzlichen mechanischen Verlusten, die durch das Vorgelege und den Fahrwiderstand der Lokomotive bedingt sind. Zum anderen aber treten auch zusätzliche elektrische Verluste auf, die durch die Kabelverbindungen und deren Längen schaltungs- und verlegungsmäßig bedingt sind und die sich auf den einzelnen Fahrstufen verschieden auswirken können. Aus diesem Grunde ist es nicht ohne weiteres möglich, aus einer Motorkennlinie, die meist nur mit einer konstanten Spannung auf einem Prüfstand gefahren wurde, auf die zu erwartenden Lokkennlinien zu schließen.

b) Die Regelung

Die Regelung elektrischer Lokomotiven findet in der Form statt, daß zur Erzielung einer höheren mechanischen Leistung die elektrisch aufgebrachte Leistung vergrößert wird. Über den Fahrschalter wird hierbei eine größere Spannung an die Motoren gelegt, so daß diese auf eine Kennlinie höherer mechanischer Leistung übergehen. Eine solche, durch Betätigung des Fahrschalters erzwungene sprunghafte Erhöhung der Spannung am Motor, kann auf dreierlei Weise erfolgen:

1) Bei unterteilten Batterien werden anfangs parallel geschaltete Batteriehälften hintereinandergeschaltet, die bisherige Batteriespannung also verdoppelt, wobei die Motorschaltung unverändert bleibt.

2) Bei unverändert bleibender Batterieschaltung, also konstant bleibender Batteriespannung, wird die Motorschaltung in der Form geändert, daß anfangs hintereinandergeschaltete Motoren parallel geschaltet werden.

3) Ein die konstante Batteriespannung um seinen Spannungsabfall vermindernder Vorwiderstand wird ausgeschaltet.

Eine weitere Möglichkeit ergibt sich durch Parallelschalten von in Gruppen unterteilten Feldspulen, die eine Feldschwächung zur Folge haben, auf Grund der sich die Drehzahl erhöht. Durch diese Maßnahme ändert sich jedoch der qualitative Verlauf der Kennlinie und je nach Art und Größe der Feldschwächung kann bei hohen Belastungen die mechanische Leistung unter die bei nicht geschwächtem Feld sinken.

Im allgemeinen sind die Schaltstufen als Dauerfahrstufen ausgelegt, so daß sie nicht nur zum Anfahren, sondern auch für die Geschwindigkeitsregelung im Dauerfahrbetrieb dienen.

2. Die Ermittlung der Lokomotivkennlinien

Um genaue Unterlagen über das Betriebsverhalten der einzelnen Akkuloktypen zu erhalten, wurden die bei den Meßfahrten aufgenommenen Spannungs-, Strom-, Geschwindigkeits- und Zugkraftdiagramme, nach Fahrstufen geordnet, punktweise ausgewertet. Für jede Fahrstufe wurde dann die Zuggeschwindigkeit über der zugehörigen, von der Lokomotive an die Anhängelast abgegebenen Zugkraft aufgetragen. So entstand die Kennlinie $v = f(Z)$. In gleicher Weise wurde auch die zur jeweils abgegebenen Zugkraft gehörige Strom- bzw. Leistungsaufnahme $N_{El} = f(Z)$ ermittelt. Die Kennlinien der einzelnen Fahrstufen wurden dann zum Kennlinienbild der betreffenden Lok zusammengestellt. Ein solches Kennlinienbild zeigt z.B. in Abschnitt D die Abbildung D 1/1a.

Aus den Kennlinien $v = f(Z)$ wurden die Kennlinien $N_m = f(Z)$, d.h. die mechanisch abgegebene Zughakenleistung in Abhängigkeit von der Zugkraft berechnet, und aus den Kennlinien $N_m = f(Z)$ und $N_{El} = f(Z)$ die Wirkungsgradkurven der Lokomotive $\eta = f(Z)$ ermittelt. Ein vollständiges Kennlinienfeld dieser Art zeigt in Abschnitt D Abbildung D 1/1b.

Als Lokomotivwirkungsgrad wird hiermit angesprochen das Verhältnis:

$$\eta \text{ Lok} = \frac{\text{Zughakenleistung}}{\text{Leistungsabgabe der Batterie}}.$$

Der Grund, weshalb anstelle des gemessenen Stroms in den Lokomotivkennlinien die elektrische Leistung eingeführt wird, liegt in folgendem begründet:

Die der abzugebenden mechanischen Leistung $N_m = Z \cdot v$ gegenüberzustellende elektrische Leistung $N_{El} = U_{Batter.} \cdot I_{Batter.}$ enthält eine Spannung, die nicht als konstant angesehen werden kann, da sie ihrerseits wieder von der Höhe des der Batterie entnommenen Stroms und vom Entladezustand der Batterie abhängig ist. Die Größe des der gesamten Batterie entnommenen Stromes kann durch Annahme einer der Schaltstufe entsprechenden mittleren Spannung aus N_{El} mit hinreichender Genauigkeit ermittelt werden, so daß mit einem um den konstanten Spannungswert umgerechneten Masstab die Linienzüge $N_{El} = f(Z)$ auch als Kennlinien $J = f(Z)$ angesehen werden können. Die elektrische Leistung N_{El} ist die von der Batterie abgegebene bzw. von der Lokomotive aufgenommene elektrische Leistung, in der sämtliche elektrischen Verluste des äußeren Stromkreises enthalten sind. Die Höhe des hierbei den Batteriehälften entnommenen Stromes sowie die Größe des durch die einzelnen Motoren fließenden Stromes läßt sich aus N_{El} für jede Fahrstufe mit Hilfe des zutreffenden Lokomotivschaltbildes bestimmen. Die Schaltung ist auf den im Abschnitt D zusammengestellten Kennlinienbildern verschiedener Lokomotiven in einem Schema jeweils angegeben.

Befährt die Lok eine Steigung, so muß sie außer der für ihre eigene Fortbewegung in der Ebene erforderlichen mechanischen Arbeit noch eine zusätzliche Hubarbeit an ihrem Eigengewicht leisten, welche die elektrische Leistungsaufnahme erhöht. Für die Aufstellung der N_{El} - Kennlinie spielt diese Tatsache keine Rolle, da diese Kennlinien aus der Mittelung aller Meßfahrten hervorgehen, die in gleichem Anteil Fahrten in beiden Richtungen enthalten.

In der Folge soll der Einfluß des Lokgewichts bei der Überwindung von Steigungen unberücksichtigt bleiben, weil sein Einfluß auf die Energieaufnahme der Lok gering ist gegenüber dem für die Bewegung der Züge aufzubringenden Anteil.

3. Kurze Diskussion der Lokomotivkennlinien und ihrer Genauigkeit

Zwei Kennlinien kennzeichnen das Betriebsverhalten jeder elektrischen Lokomotive, nämlich

$$\text{die Kennlinie } v = f(Z) \text{ und}$$
$$\text{die Kennlinie } N_{El} = f(Z)$$

Hierbei ergeben sich für die Kennlinien zwei ausgezeichnete Punkte:

1) Der Punkt $Z = 0$, also der Schnittpunkt der Kennlinien mit der Ordinate. Dieser Punkt stellt die Geschwindigkeit und die Leistungsaufnahme der Lok ohne Anhängelast, d.h. der alleinfahrenden Maschine dar.

Er wurde in der Weise bestimmt, daß die in Richtung Schacht und Richtung Feld mit der alleinfahrenden Lok gemessenen Werte ermittelt wurden.

2) Der Punkt v = 0, also der Schnittpunkt der v-Kennlinien mit der Abszisse. Dieser Schnittpunkt stellt die Grenzzugkraft Z_{max} dar, welche die Lok bei der betreffenden Fahrstufe noch aufzubringen vermag. Erreicht oder übersteigt die geforderte Zugkraft diesen Betrag, so bleibt die Lok im Kurzschluß stehen. Die Grenzzugkraft legt gleichzeitig das Ende der N_{El}-Kennlinie für die betreffende Fahrstufe fest.

Diese Grenzpunkte wurden näherungsweise so bestimmt, daß bei hohen Anhängelasten und geschlossenen Bremsen die Stromaufnahme der Loks im Stillstand gemessen wurde. Die vorliegenden N_{El} - Kurven wurden geradlinig bis zu dem ermittelten Leistungswert verlängert.

Der Verlauf der Kurven $N_m = f(Z)$ und $\eta = f(Z)$ ist durch die Definition von Z in ihrem Anfang und Ende festgelegt:

Aus $N_m = Z \cdot v$ ergibt sich, daß $N_m = 0$ sein muß, wenn

$Z = 0$ ist, d.h. wenn die Lok ohne Anhängelast fährt

$v = 0$ ist, d.h. bei der Grenzzugkraft Z_{max}.

Analog N_m müssen auch die η-Linien durch den Koordinatenanfangspunkt und durch den Punkt der Grenzzugkraft gehen. Der zwangläufige Verlauf von N_m ermöglicht es, den Verlauf der v-Kurven bei kleinen Zugkräften auch rechnerisch zu überprüfen; dasselbe gilt für die Überprüfung der N_{El}-Kennlinien bei kleinen Zugkräften mittels der η-Kurven.

Bezüglich der Genauigkeit der hier veröffentlichten Lokkennlinien kann gesagt werden, daß sie im Bereich der im normalen Betrieb vorkommenden Zugkräfte als genau angesehen werden können. Nur bei sehr kleinen und sehr hohen Zugkräften muß unter Umständen mit geringen Abweichungen gerechnet werden.

II. Der Zugablauf im Kennlinienfeld

1. Allgemeines über die Lokomotivzugkraft

In den Lokomotivkennlinien ist die Zughakenkraft Z als unabhängige Veränderliche aufgetragen, da sie als die für den Zugablauf maßgebende Größe angesehen werden kann. Sie wird zur Deckung der drei für die Fortbewegung der Anhängelast erforderlichen Komponenten verbraucht:

Zugkraftanteil Z_F zur Überwindung des Fahrwiderstands.
Zugkraftanteil Z_S zur Überwindung der Steigung.
Zugkraftanteil Z_b zur Beschleunigung der Zugmasse.

$$Z = Z_F + Z_S + Z_b$$

Bei der Fortbewegung eines Zuges mit konstanter Geschwindigkeit auf einer gegebenen konstanten Steigung ist $Z_b = 0$ und für die Aufrechterhaltung der Geschwindigkeit erforderliche Beharrungszugkraft

$$Z_B = Z_F \pm Z_S$$

Da der Fahrwiderstand F eine Funktion der Geschwindigkeit ist, wird Z_B in der Regel bei höheren Geschwindigkeiten desselben Zuges größer sein müssen. In dem später behandelten Lokkennlinienbild (Abb. 37, s.S. 74) ist eine solche Widerstandslinie $Z_B = f(v)$ für einen angenommenen Zug eingetragen.

2. Der Schaltvorgang im Kennlinienbild

a) Schalten vom Stillstand auf die Einschaltstufe

Wird beim Anfahren auf die erste Fahrstufe geschaltet, so entspricht die elektrische Leistungsaufnahme der Lok im ersten Augenblick dem Kurzschlußfall, da die Zuggeschwindigkeit v zunächst 0 ist. Die hierbei von der Lok abgegebene Zugkraft ist die Grenzzugkraft Z_{max} dieser Einschaltstufe. Ist die Grenzzugkraft größer als die Beharrungszugkraft Z_B, so wird überschüssige Zugkraft als Beschleunigungszugkraft Z_b frei:

$$Z_b = Z - Z_B.$$

Unter der Einwirkung dieser Beschleunigungszugkraft steigt die Geschwindigkeit entlang der Geschwindigkeitskennlinie v_1 der ersten Fahrstufe an, während die Zugkraft Z gleichzeitig absinkt. Mit zunehmender Geschwindigkeit sinkt infolge der mit wachsender Ankerdrehzahl steigenden Gegen-EMK die elektrische Leistungsaufnahme der Lok entlang der Kennlinie $N_{El\ 1}$ ab. Unter ständiger Zugkraftabnahme steigt die Geschwindigkeit solange an, bis die von der Lok abgegebene Zugkraft $Z = Z_B$ geworden ist, d.h. $Z_b = 0$ ist. Jetzt ist der Beharrungspunkt erreicht und die gesamte aufgebrachte Zugkraft wird zur Aufrechterhaltung der Geschwindigkeit verbraucht. Im Beharrungspunkt sind die Zugkraft, die Geschwindigkeit und die elektrische Leistung konstant und sie bleiben es, solange Z_B unverändert bleibt, d.h. die Steigung sich nicht ändert oder eine andere Fahrstufe eingeschaltet wird.

b) Das Hochschalten

Wird auf die nächsthöhere Fahrstufe übergeschaltet, so ist im ersten Augenblick die Geschwindigkeit noch unverändert. Die sprunghafte Spannungserhöhung an den Motoren bewirkt ein sprunghaftes Ansteigen des Stromes: Die Motoren arbeiten jetzt auf der Kennlinie N_{El_2}. Die plötzliche Erhöhung der elektrischen Leistung hat eine sprunghafte Steigerung der von der Lok abgegebenen mechanischen Leistung zur Folge, die sich bei unveränderter Geschwindigkeit in einer sprunghaften Erhöhung der Zugkraft Z äußert: Bei v = konst. springt der Betriebspunkt von der Kennlinie v_1 auf die Kennlinie v_2 und erreicht im Schnittpunkt mit dieser die von der Lok im Schaltaugenblick zur Verfügung gestellte Zugkraft. Der Zugkraftüberschuß über die zur Aufrechterhaltung der Geschwindigkeit erforderlichen Zugkraft Z_{B2} setzt sich wieder in Beschleunigung um, und die Geschwindigkeit steigt unter Absinken der Zugkraft entlang der Kennlinie v_2 wieder solange an, bis auch auf dieser Kennlinie der Beharrungspunkt erreicht ist. Entsprechend sinkt auch die elektrische Leistung auf der Kennlinie N_{El_2} ab.

Dieser Vorgang wiederholt sich beim Höherschalten auf jeder Fahrstufe.

Selbstverständlich kann auf die nächsthöhere Fahrstufe auch bereits vor Erreichen des Beharrungspunkts geschaltet werden. In diesem Fall jedoch ist infolge der geringeren Motordrehzahl die Gegen-EMK kleiner, so daß die Stromaufnahme und damit die Zugkraft größer wird, als wenn der Beharrungspunkt abgewartet wird. Hierdurch ist dem vorzeitigen Hochschalten eine natürliche Grenze gesetzt, denn ein zu frühes Hochschalten und die dadurch bedingte hohe Stromaufnahme können ein Ansprechen der Sicherungen zur Folge haben. Aus den Lokkennlinien kann dieser Leistungssprung und hieraus die Stromaufnahme für jede beliebige Schaltweise sofort abgelesen werden.

c) Das Zurückschalten

Wird nach Erreichen des Beharrungspunkts von einer höheren auf eine niedrigere Fahrstufe zurückgeschaltet, so springt der Betriebspunkt bei zunächst unveränderter Geschwindigkeit auf die niedrigere v-Kennlinie. Die jetzt von der Maschine auf der niedrigeren Kurve N_{E1} aufgenommene Leistung und die hierbei abgegebene Zugkraft können aus dem Kennlinienbild sofort abgelesen werden. Jetzt ist aber $Z < Z_B$. Da die von der Lok abgegebene Zugkraft Z kleiner ist als die für die Aufrechterhaltung der Geschwindigkeit erforderliche Beharrungszugkraft Z_B, muß eine Verzögerungszugkraft der Größe

$$- Z_b = Z_B - Z$$

auftreten. Diese hat ein Absinken der Geschwindigkeit entlang der v-Kennlinie zur Folge. Mit sinkender Motordrehzahl sinkt aber auch die Gegen-EMK, und damit steigen die Stromaufnahme und die abgegebene elektrische Leistung entlang der Kuve N_{El} wieder an, womit gleichzeitig die abgegebene mechanische Leistung und damit die Zugkraft wachsen. Dieses Absinken der Geschwindigkeit entlang der v-Kurve unter ständiger Zunahme der elektrischen Leistung und der Zugkraft endet mit dem Erreichen des Beharrungspunktes. Hier ist wieder die vom Zug geforderte und von der Lokomotive abgegebene Zugkraft im Gleichgewicht und die drei Größen v, N_{El} und Z sind von jetzt ab wieder konstant.

d) **Das Abschalten**

Wird in einem beliebigen Augenblick des Zugablaufs der Fahrschalter auf 0 zurückgenommen, so wird die von der Maschine abgegebene Zugkraft $Z = 0$, damit aber wird

$$- Z_b = Z_B \;,$$

d.h. die jetzt auf den Zug einwirkende hemmende Kraft ist der Fahrwiderstand und die Steigung. Sie verbrauchen die im Abschaltaugenblick vorhandene kinetische Energie des Zuges:

$$A_{kin} = \frac{m \, v^2_{Absch.}}{2} \;.$$

Sieht man davon ab, daß der Fahrwiderstand geschwindigkeitsabhängig ist, und nimmt man ihn als konstant an, so ergibt sich die Auslaufstrecke, die der Zug bei offenen Bremsen noch zurücklegt, zu

$$E_{Auslauf} = \frac{A_{kin.}}{Z_B} \;,$$

und die Auslaufzeit

$$t_{Auslauf} = \frac{A_{kin.}}{Z_B \frac{v_{Absch.}}{2}} \;.$$

e) B e l i e b i g e   S c h a l t u n g s w e i s e

Im Rahmen des Fahrtablaufs eines Zuges treten die oben im einzelnen besprochenen Schaltvorgänge in beliebiger Folge und Kombination auf. Immer aber lassen sie sich im Kennlinienbild der Lokomotive festlegen und verfolgen.

3. Der Zugablauf im Kennlinienbild

Abbildung 31 zeigt das geschriebene Fahrdiagramm eines Kohlenzuges in Richtung Schacht. Leistungs- und Geschwindigkeitsdiagramm sind in Abhängigkeit von der Zeit, das Zugkraftdiagramm in Abhängigkeit von der Entfernung aufgezeichnet.

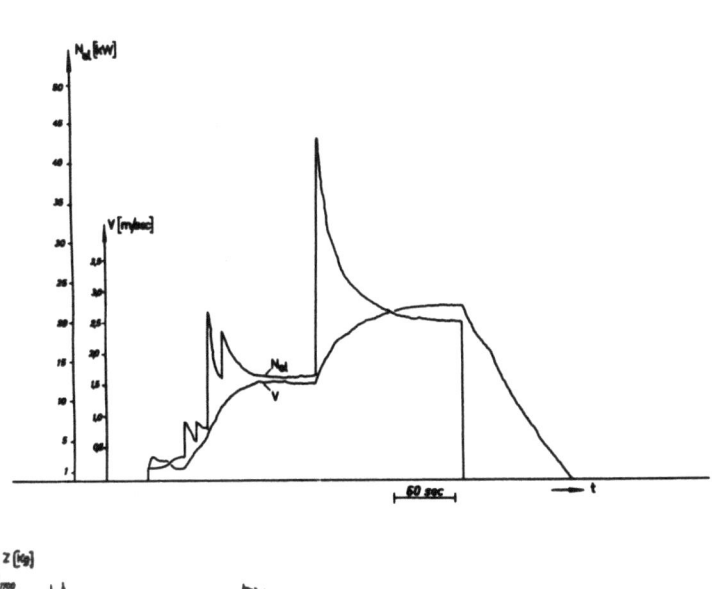

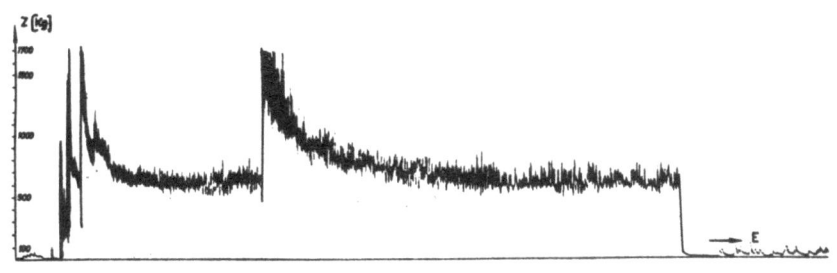

A b b i l d u n g   31

Fahrdiagramm einer mit 100 Kohlenwagen in Richtung Schacht
(2°/oo konstantes Gefälle) fahrenden Doppellok
(D 1/2) auf Schachtanlage 1

Als Lok diente die unter D 1/2 beschriebene elektrisch gekuppelte Doppellok. Abbildung 32 zeigt den in das Kennlinienfeld der Lok übertragenen Zug-

Forschungsberichte des Wirtschafts- und Verkehrsministeriums Nordrhein-Westfalen

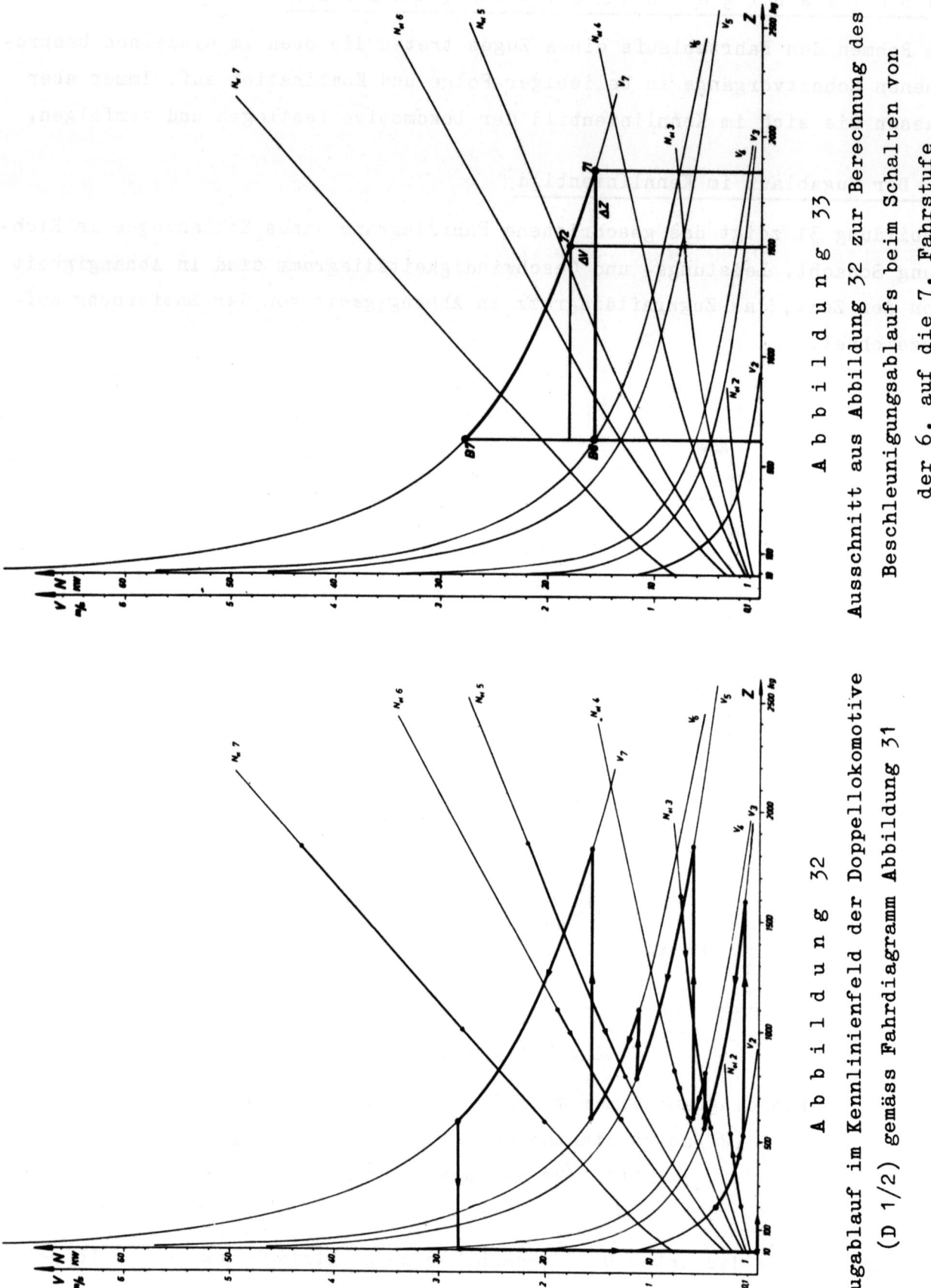

Abbildung 33
Ausschnitt aus Abbildung 32 zur Berechnung des Beschleunigungsablaufs beim Schalten von der 6. auf die 7. Fahrstufe

Abbildung 32
Zugablauf im Kennlinienfeld der Doppellokomotive (D 1/2) gemäss Fahrdiagramm Abbildung 31

ablauf. Da die v_1 - Kennlinie fehlt, ist der Anfahrvorgang nicht eingetragen. Das sprunghafte Ansteigen und spätere Absinken der Geschwindigkeit beim Anfahren ist daraus zu erklären, daß der Zug beim Anfahren nicht ausgezogen und zunächst nur eine kleine Wagenzahl zu beschleunigen war, die sich laufend vergrößerte, bis die Lok die für die Bewegung des gesamten Zuges erforderliche Zugkraft aufzubringen hatte. Der Beharrungszustand wird nur auf der 6. und auf der 7. Fahrstufe erreicht. Entgegen der zu erwartenden Vergrößerung der Beharrungszugkraft bei der höheren Geschwindigkeit der 7. Fahrstufe, bleibt diese gegenüber der 6. Fahrstufe praktisch unverändert. Der Grund hierfür ist, daß inzwischen die Neigung des Geländes grösser geworden ist, so daß die Vergrößerung von Z_F durch die Verkleinerung von Z_S annähernd ausgeglichen wird.

III. Die Berechnung des Zugablaufs aus dem Kennlinienbild bei S = konst.

1. Die Berechnung des Geschwindigkeitsdiagramms v = f (t)

Aus dem in Abbildung 32 dargestellten Zugablauf im Kennlinienfeld sei der Schaltvorgang von der 6. auf die 7. Fahrstufe herausgegriffen (Abb. 33). Die im Schaltaugenblick zur Beschleunigung der angehängten Last zur Verfügung stehende Beschleunigungszugkraft war

$$Z_b = Z - Z_B \; .$$

Hieraus berechnet sich die im Schaltaugenblick bei einer gegebenen Zugmasse m erzielbare Beschleunigung

$$b = \frac{Z_b}{m} = \frac{Z - Z_B}{m}$$

zu

$$b_{71} = \frac{Z_{71} - Z_{B7}}{m} \; ;$$

an einem beliebigen anderen Punkt 72 ergibt sich analog

$$b_{72} = \frac{Z_{72} - Z_{B7}}{m} \; .$$

Die mittlere Beschleunigung zwischen Punkt 71 und 72 beträgt somit

$$b_m = \frac{b_{71} + b_{72}}{2} \; .$$

Die Geschwindigkeitszunahme auf Grund dieser mittleren Beschleunigung läßt sich sofort der v_7 - Kennlinie entnehmen:

$$\Delta v = v_{72} - v_{71} \; .$$

Die für diese Geschwindigkeitsänderung benötigte Zeit ergibt sich dann zu

$$t = \frac{\Delta v}{b_m} \; .$$

Durch Einteilen der Beschleunigungszugkraft $Z_b = Z - Z_B$ in beliebige Intervalle kann somit ohne weiteres die Funktion $v = f(t)$ für eine gegebene Anhängelast mit jeder beliebigen Genauigkeit berechnet werden. Der berechnete nähert sich dem tatsächlichen Geschwindigkeitsverlauf umsomehr, je kleiner die Intervalle gewählt werden, doch genügt für die praktische Berechnung selbst bei sehr großer Beschleunigungszugkraft eine Einteilung in einige wenige Intervalle.

Für $Z = Z_B$ wird $Z_b = 0$ und damit v = konst.

Es ist zweckmäßig, auch jeweils die in der Zeit Δt durchfahrene Strecke ΔE mit Hilfe der während dieser Zeit herrschenden mittleren Geschwindigkeit v_m zu berechnen:

$$\Delta E = v_m \, \Delta t \; .$$

Auf diese Weise erhält man in der $\Sigma \Delta E$ die gefahrene Entfernung und braucht diese nicht erst durch Ausplanimetrieren des $v = f(t)$ - Diagramms zu bestimmen. Außerdem besteht dann die Möglichkeit, die v- und N_{El} -Kurven auf den Weg zu beziehen.

2. Bestimmung des Leistungsdiagramms $N_{El} = f(t)$ und des Zugkraftdiagramms $Z = f(t)$

Nach Aufzeichnung des $v = f(t)$ - Diagramms kann die zu jedem v gehörige elektrische Leistungsaufnahme dem Lokkennlinienfeld entnommen und punktweise in das $N_{El} = f(t)$ - Diagramm übertragen werden.

In gleicher Weise kann auch das $Z = f(t)$ - oder $Z = f(E)$ - Diagramm aufgestellt werden, falls dieses von Interesse ist.

Forschungsberichte des Wirtschafts- und Verkehrsministeriums Nordrhein-Westfalen

3. Berechnung eines Beispiels bei vorgegebenem Fahrdiagramm

In Abbildung 34 (s.S. 70) ist das auf diese Weise berechnete Zugdiagramm (unten) dem gefahrenen Zugdiagramm (oben) gegenübergestellt. Für die Berechnung wurde bei jeder Fahrstufe lediglich die Geschwindigkeit aus dem gefahrenen Diagramm entnommen, bei deren Erreichen weitergeschaltet worden war. Für die Fahrstufen 6 und 7, bei denen Z_B erreicht wurde, war außerdem die insgesamt auf dieser Fahrstufe gefahrene Zeit vorgegeben, um so ein vergleichbares Diagramm zu erhalten.

Da die v_1 - Kennlinie im Kennlinienfeld nicht gegeben war, wurde die Annahme gemacht, daß mit der 2. Fahrstufe angefahren wurde; außerdem wurde der Zug voll ausgezogen angenommen. Abbildung 35 (s.S. 71) zeigt den der Rechnung zu Grunde gelegten Zugablauf im Kennlinienfeld eingetragen. Die Auslaufzeit nach dem Ausschalten wurde aus der kinetischen Energie berechnet und die Geschwindigkeitsabnahme, unter Vernachlässigung der Geschwindigkeitsabhängigkeit von F, linear angenommen. Der Vergleich zwischen den berechneten und den gefahrenen Werten ergab folgendes Bild:

	gemessen	berechnet	Abweichung
Entfernung aus v-Diagrammen	668 m	664 m	- 0,6%
El.Arbeit aus N_{El}-Diagrammen	1,41 kWh	1,396 kWh	- 1%

Dieser Vergleich zeigt, daß mit Hilfe der Lokkennlinien ein in den wesentlichen Punkten vorgegebenes Diagramm in seinem Ablauf sehr genau berechnet werden kann.

4. Berechnung des Fahrdiagramms auf Grund der Kennlinie F = f (v)

Eine Berechnung des Zugablaufs kann nur den Sinn haben, für einen Zug gegebener Länge und Belastung auf einer bekannten Strecke mittlere Werte über den Energieverbrauch, die Geschwindigkeit, die Fahrzeit usw. zu liefern. Zu diesem Zweck muß von den mittleren Fahrwiderstandswerten des Wagenparks und von der bekannten Steigung ausgegangen werden.

In Abbildung 36 sind die auf Schachtanlage 1 aufgenommenen Fahrdiagramme eines in Richtung Schacht fahrenden Kohlenzugs mit 314 Kohlenwagen dargestellt. Das mittlere Gewicht des Kohlenwagens betrug 1,7 t. Als Lokomotive wurde wieder die elektrisch gekuppelte Doppellok (D 1/2) verwendet. Diese hohe Anhängelast von über 530 t bei einer Länge von etwa 570 m kommt selbst-

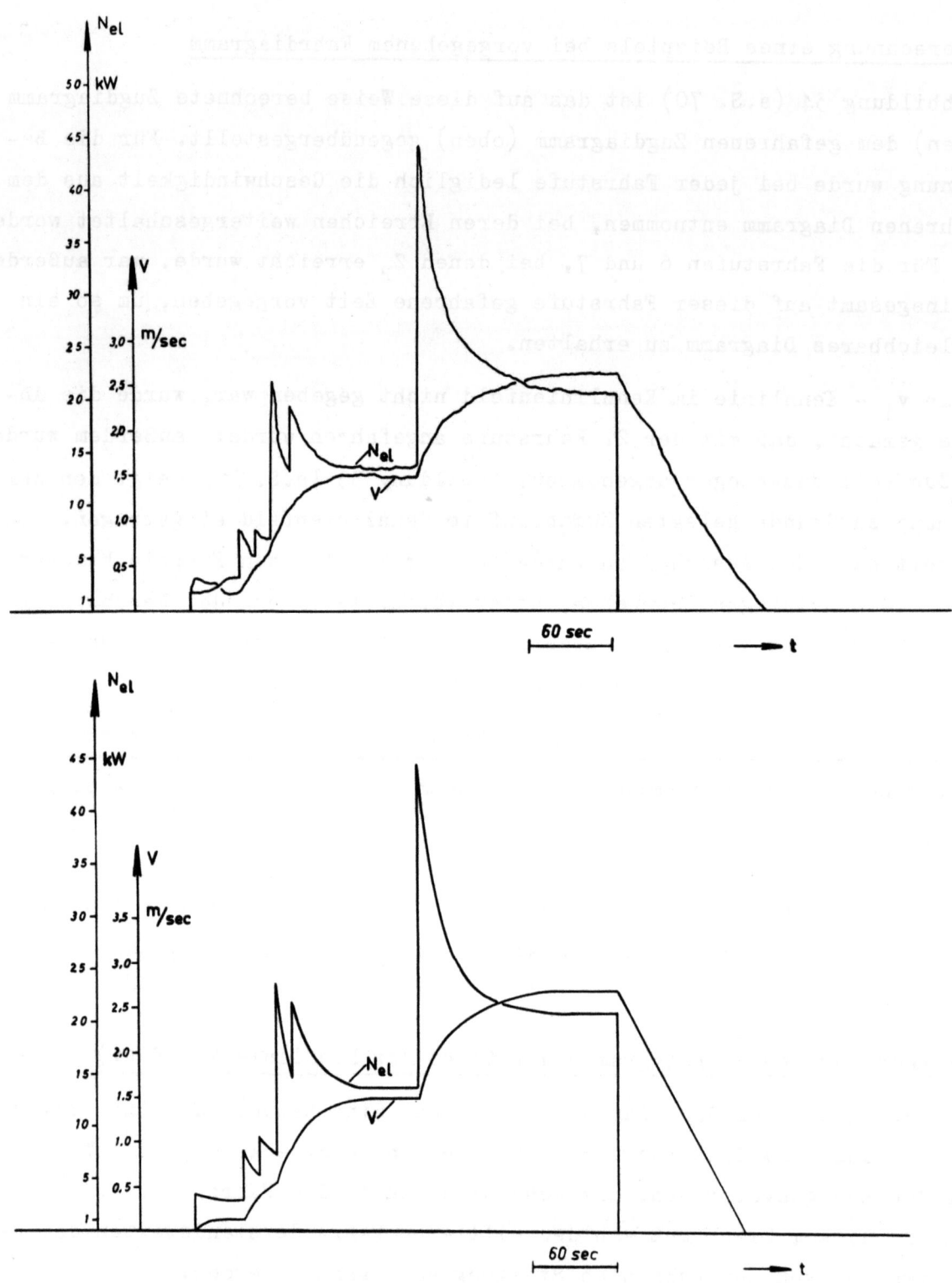

Abbildung 34

100 Kohlenwagen Richtung Schacht (2°/oo konst. Gefälle). Doppellok (D 1/2) Schachtanlage 1. Vergleich des durch Messung (Abb. 31) bestimmten Fahrdiagramms (oben) mit dem aus dem Lokkennlinienbild (Abb. 35) berechneten (unten)

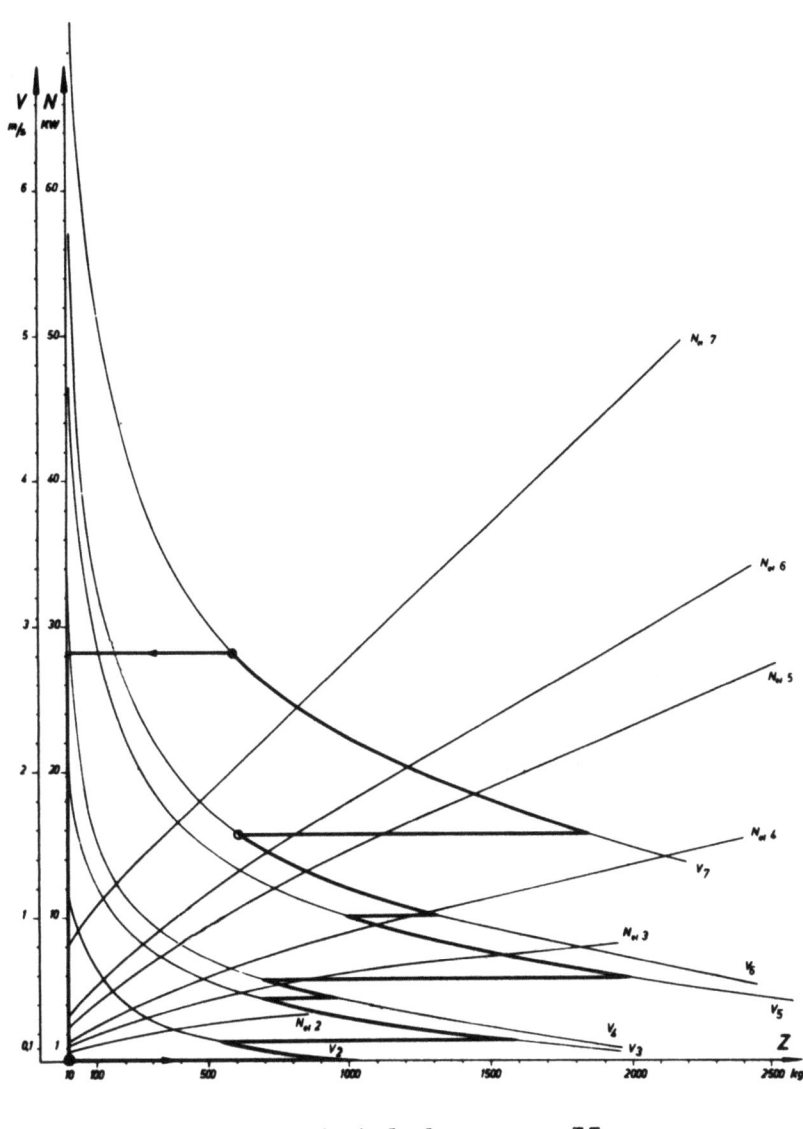

Abbildung 35

Der der Berechnung des Fahrdiagramms Abbildung 34 unten zu
Grunde gelegte Zugablauf im Kennlinienfeld

verständlich betriebsmässig nicht vor, doch sei dieses Diagramm dazu benutzt, als Beispiel die Berechnung des Zugablaufs mit dieser Grenzbelastung durchzuführen. Hierbei soll die Fahrzeit auf den einzelnen Fahrstufen gegeben sein, um ein mit dem gemessenen vergleichbares Diagramm zu erhalten.

Aus Abbildung 12 ergibt sich der Fahrwiderstand des in Richtung Schacht fahrenden Kohlenwagens. Da zunächst die bei den einzelnen Fahrstufen auftretenden Geschwindigkeiten nicht bekannt sind, kann aus der Fahrwiderstands-

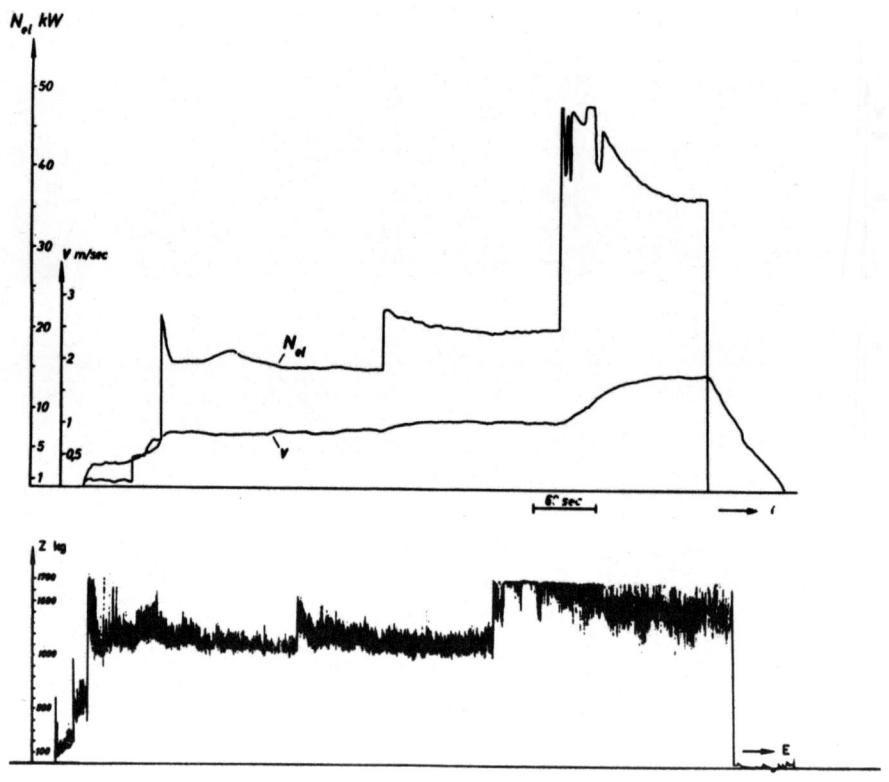

Abbildung 36

Fahrdiagramm einer mit 314 Kohlenwagen in Richtung Schacht
(2°/oo konst. Gefälle) fahrenden Doppellok
(D 1/2) auf Schachtanlage 1

kennlinie auch nicht ohne weiteres der richtige Fahrwiderstandswert entnommen werden. Dagegen läßt sich aus der Fahrwiderstandskennlinie eine Kennlinie der Beharrungszugkraft $Z_B = f(v)$ aufstellen: Für zwei beliebig angenommenen Geschwindigkeiten, hier $v_x = 3,25$ m/s und $v_y = 1,5$ m/s, wird der Fahrwiderstand dem Diagramm entnommen und mit der Wagenzahl multipliziert. Dies ergibt für v_x ein

$$Z_{Bx} = 314 \text{ K} \cdot 6 \frac{\text{kg}}{\text{K}} = 1885 \text{ kg},$$

für v_y ein

$$Z_{By} = 314 \text{ K} \cdot 4,1 \frac{\text{kg}}{\text{K}} = 1290 \text{ kg}.$$

Diese beiden in das Lokkennlinienfeld eingetragenen Punkte legen die Widerstandslinie fest (Abb. 37). Die Schnittpunkte der $Z_B = f(v)$-Kennlinie mit den v-Kurven ergeben die Beharrungspunkte für die entsprechenden Fahrstufen.

Forschungsberichte des Wirtschafts- und Verkehrsministeriums Nordrhein-Westfalen

Die Berechnung erfolgt entsprechend 1. mit einer Einschränkung: Bei der dort angegebenen Formel für die Beschleunigung wurde für $Z_B = Z_{B7}$ eingesetzt. Dies war möglich, da Z_{B6} ungefähr gleich Z_{B7} war. Im vorliegenden Fall jedoch trifft dies nicht zu. Damit müßte an sich für jedes Intervall Δv bzw. ΔZ auch das zugehörige Z_B der Kennlinie $Z_B = f(v)$ entnommen und in die Beschleunigungsgleichung eingesetzt werden. Die Berechnung zeigt jedoch, daß der Unterschied in der Beschleunigung und damit der Unterschied im Verlauf der beiden $v = f(t)$ - Linien vernachlässigbar klein ist. Die Auslaufzeit wurde wieder über die kinetische Energie beim Abschalten ermittelt, und die Geschwindigkeitsabnahme unter Vernachlässigung der Geschwindigkeitsabhängigkeit des Fahrwiderstands als linear angenommen.

Abbildung 38 (s.S. 75) zeigt oben das durch Messung ermittelte Diagramm, unten das berechnete. Der starke Unterschied zwischen der v-Linie des gefahrenen und des berechneten Diagramms im Anfahrabschnitt rührt wieder davon her, daß bei dem berechneten Diagramm der Zug als ausgezogen angenommen werden mußte, was in Wirklichkeit nicht der Fall war. Der unterschiedliche Verlauf der Geschwindigkeits- und der elektrischen Leistungslinien im Beschleunigungsabschnitt der 7. Fahrstufe ist in dem Schleudern der Lok begründet, das sich an dem starken Schwanken der Leistungsaufnahme in dem gefahrenen Diagramm erkennen läßt.

Der Vergleich der Flächen zwischen dem gefahrenen Diagramm und dem nur mit Hilfe des Fahrwiderstands berechneten Fahrdiagramm ergibt folgende Werte:

	gemessen	berechnet	Abweichung
Entfernung	697 m	712 m	+ 2,15%
Elektrische Arbeit	3,64 kWh	3,69 kWh	+ 1,37%

5. Berechnung des Fahrdiagramms bei beliebiger Schaltweise

Zum Abschluß dieser sich auf konstante Steigungsverhältnisse beziehenden Betrachtungen sei hier noch ein Rechnungsbeispiel für beliebige Schaltungsweise dargestellt.

Abbildung 39 (s.S. 76) oben zeigt den Zugablauf eines in Richtung Schacht fahrenden Zuges von 48 Kohlenwagen auf der Schachtanlage 1. Als Lok diente die unter D 1/1 beschriebene Einfach-Lok. Gegeben waren für die Berechnung außer der Fahrwiderstandskennlinie $F = f(v)$ Abbildung 13 und dem konstanten Gefälle von $S = 2\textperthousand$ lediglich die Art des Schaltens und die Fahrzeiten

Forschungsberichte des Wirtschafts- und Verkehrsministeriums Nordrhein-Westfalen

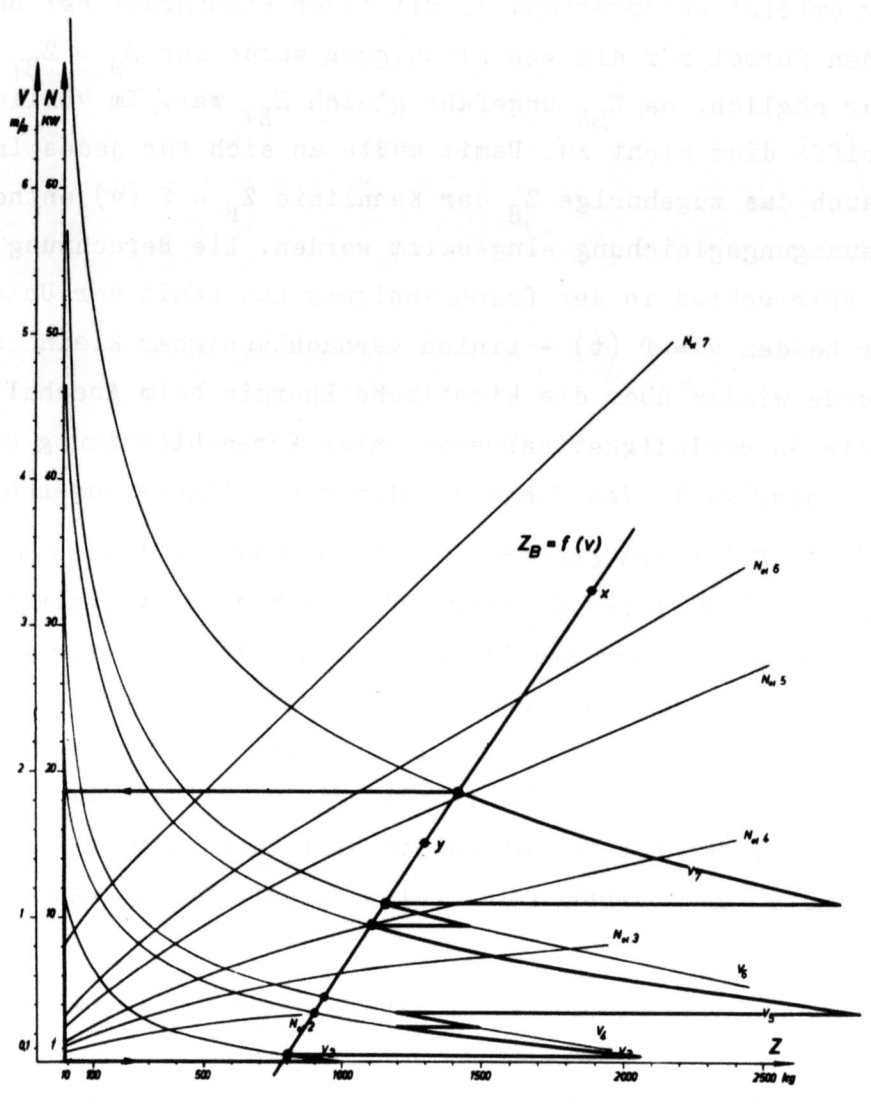

Abbildung 37

Zugablauf im Kennlinienfeld zur Berechnung des Fahrdiagramms
Abbildung 38 unten mit Hilfe der Widerstandslinie $Z_B = f(v)$

auf den einzelnen Fahrstufen. Der sich auf Grund dieser Angaben aus der Berechnung ergebende Zugablauf im Kennlinienbild ist in Abb.40 (S.77) dargestellt. Das hieraus sich ergebende Fahrdiagramm zeigt Abb.39 (S.76) unten.

Der qualitativ gleichwertige Ablauf des berechneten und des gefahrenen Diagramms ist aus der Gegenüberstellung ohne weiteres ersichtlich. In dem berechneten Fahrweg ergibt sich gegenüber dem gefahrenen ein Unterschied von – 3,75%, in der berechneten elektrischen Arbeit gegenüber der gemessenen ein solcher von + 6,2%. Die Abweichungen sind darauf zurückzuführen, dass

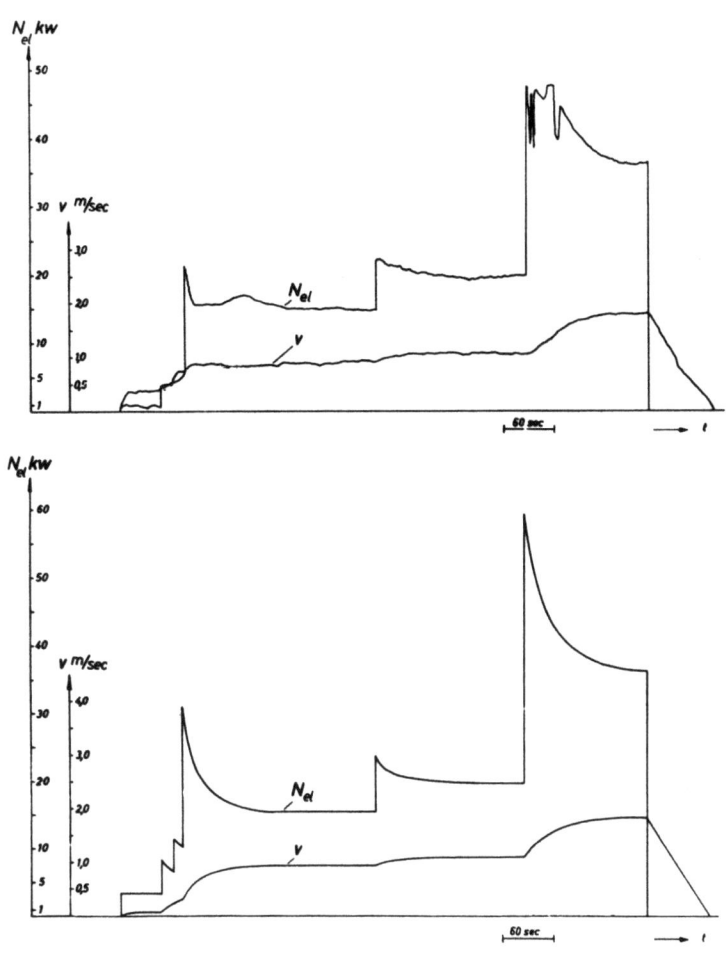

A b b i l d u n g   38

314 Kohlenwagen Richtung Schacht (2°/oo konst. Gefälle).
Doppellok (D1/2). Schachtanlage 1. Vergleich des durch
Messung (Abb.36) bestimmten Fahrdiagramms (oben) mit
dem aus dem Lokkennlinienbild
(Abb.37) berechneten (unten)

der Fahrwiderstand dieses Zuges offensichtlich unter dem für die Berechnung zu Grunde gelegten mittleren Fahrwiderstand der Kohlenwagen lag. Auch Abweichungen im Wagengewicht und im Gefälle mögen hierzu beigetragen haben. Daß etwas unterschiedliches Gefälle vorhanden war, läßt sich aus dem durch die Messung ermittelten Fahrdiagramm Abbildung 39 oben erkennen, wo die Beharrungsgeschwindigkeit des 3. Abschnitts tiefer liegt als die des 2.

Die nach dem Abschalten zunächst einsetzende stärkere Verzögerung, die aus dem Verlauf der v-Linie des gefahrenen Diagramms ersichtlich ist, rührt da-

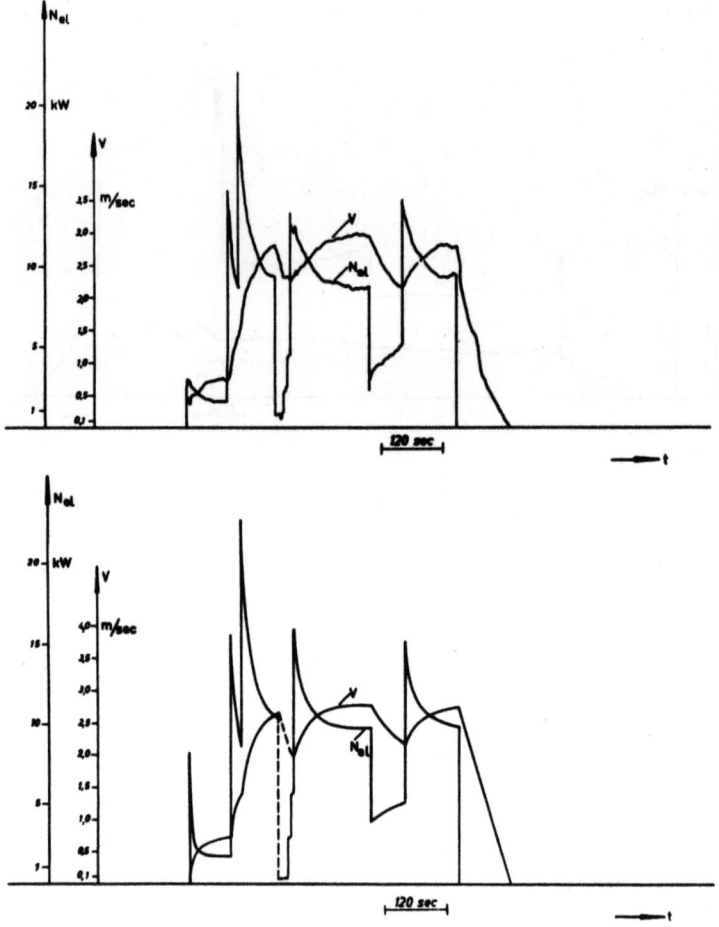

Abbildung 39

oben: Durch Messung ermitteltes Fahrdiagramm einer mit 48
Kohlenwagen Richtung Schacht ($2^o/oo$ konst. Gefälle) fahrenden Einfachlok (D 1/1) auf Schachtanlage 1
unten: Das aus dem Kennlinienfeld (Abb.40) auf Grund der
Widerstandslinie und Schaltungsweise
berechnete Fahrdiagramm

von her, daß der Fahrer zunächst die Bremse auflegte, die er später wieder löste. Solche durch die Fahrweise bedingten willkürlichen Eingriffe lassen sich in Rechnungen nicht einschätzen, da sie von der Art der Bremsbetätigung abhängen. Der Geschwindigkeitsablauf des berechneten Diagramms wurde wieder über die kinetische Energie unter Vernachlässigung der Geschwindigkeitsabhängigkeit des Fahrwiderstands ermittelt.

Im Zuge der Berechnung ergibt sich eine Stelle, die bezüglich des Geschwindigkeitsverlaufs und der elektrischen Leistungsaufnahme nicht ohne weiteres

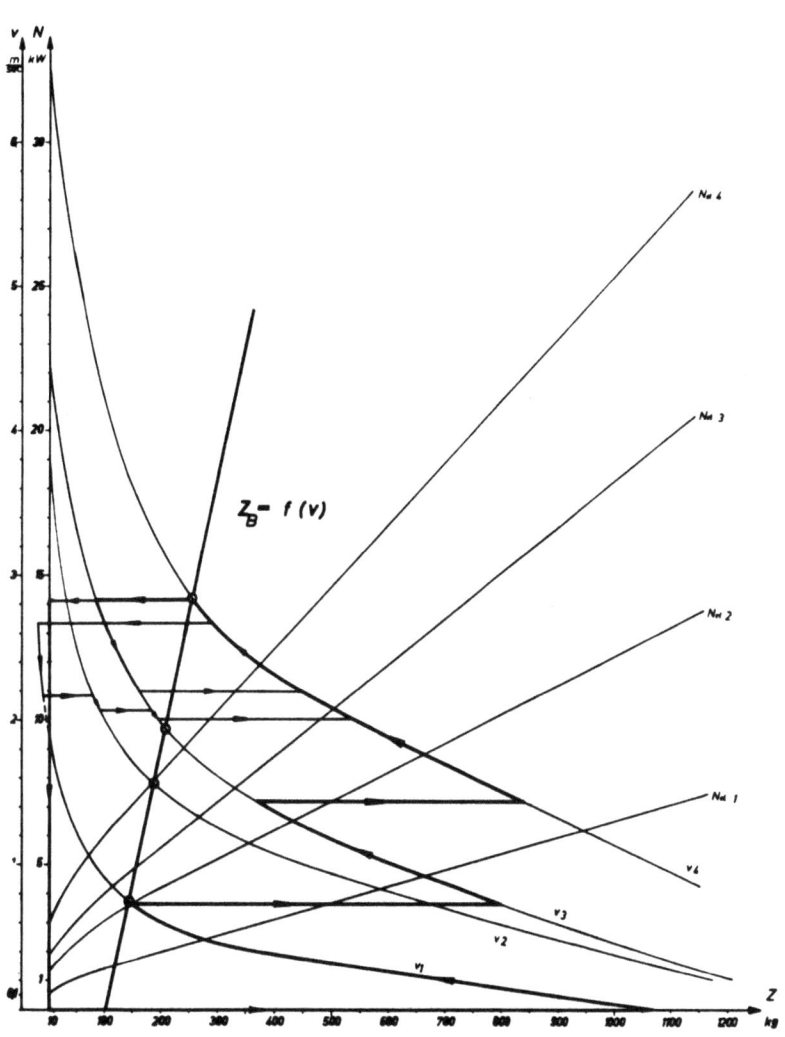

Abbildung 40

Zugablauf im Kennlinienfeld bei beliebiger Schaltweise
gemäss Fahrdiagramm Abbildung 39 unten

erfaßbar ist; sie ist in dem berechneten Diagramm gestrichelt eingetragen. Beim Zurückschalten von der 4. auf die 1. Stufe springt der Betriebspunkt von der Kurve v_4 auf die Kurve v_1. Er kann jedoch im Kennlinienfeld die v_1 - Kurve nicht erreichen, da der Verlauf dieser Kennlinie links der Ordinate $Z = 0$ nicht eingezeichnet ist. Das Auswandern des Betriebspunktes nach links über die Ordinate $Z = 0$ hinaus in Richtung negativer Zugkräfte bedeutet, daß durch das Zurückschalten die mechanisch von der Lok aufgebrachte Leistung unter der kinetischen Energie des Zuges liegt, die diesem beim Zurückschalten innewohnte. Denkt man sich die Kennlinie v_1 über $Z=0$

hinaus in den Bereich negativer Zugkräfte nach oben verlängert, so gibt
der Betriebspunkt auf dieser hypothetischen v-Kurve eine negative Zugkraft
an, die der von der Anhängelast auf Grund ihrer kinetischen Energie auf
die Lok ausgeübten Schubkraft entspricht. Diese Schubkraft vermindert sich
in dem Maße, in dem die kinetische Energie der Anhängelast durch den Fahrwiderstand aufgebraucht wird und der Betriebspunkt entlang der v_1-Kurve
absinkt. Links der Ordinate also deckt die kinetische Energie der Anhängelast nicht nur die für die eigene Fortbewegung erforderliche Arbeit, sondern auch einen Teil des von der Lok für die Überwindung ihres eigenen
Fahrwiderstands aufzubringenden Arbeit, wodurch die Leistungsaufnahme der
Lokomotive kleiner wird als die der Maschine ohne Anhängelast. Verlängert
man die Kurve der elektrischen Leistung entsprechend ihrer Verlaufstendenz
ebenfalls über $Z = 0$ hinaus nach links in den Bereich negativer Zugkräfte,
so kann man ihr die sich einstellenden Werte der elektrischen Leistung entsprechend entnehmen. Beim Hochschalten in die 2. Fahrstufe springt der Betriebspunkt wieder in das Kennlinienfeld zurück, und die Berechnung kann
in bekannter Weise weiter durchgeführt werden.

IV. Berechnung des Zugablaufs aus dem Kennlinienfeld bei $S \neq$ konst.

1. Der Einfluß des Geländes auf den Zugablauf

Bei den bisherigen Betrachtungen war immer angenommen worden, daß die Steigung S auf der ganzen vom Zug befahrenen Strecke als konstant angesehen
werden konnte, so daß Z_B als Funktion des Fahrwiderstands und der Steigung
nur von der Geschwindigkeit abhängig war. Ist die Steigung nicht konstant,
so lassen sich zwei Fälle unterscheiden:

Die Zuglänge ist klein gegen die Streckenabschnitte konstanter Steigung.

Die Zuglänge ist groß gegen die Streckenabschnitte konstanter Steigung.

2. Die Zuglänge ist klein gegen die Streckenabschnitte konstanter Steigung

Dies bedeutet, daß die vom Zug befahrene Strecke in einzelne Abschnitte
verschiedener Steigung zerfällt. Jeder dieser Streckenabschnitte ist größer als die Zuglänge, und die Steigung in seinem Bereich kann als konstant
angesehen werden.

Solange der Zug sich in seiner ganzen Länge auf einer dieser Strecken befindet, ist S = konst., und damit der bisherige Fall $Z_B = f(v)$ gegeben.

Kommt die Lokomotive an eine Steigungsänderung, so ändert sich beim Durchfahren dieses Punktes die von der Lok geforderte Zugkraft in dem Maße, in dem die Wagenzahl auf der neuen Steigung wächst. In dem Augenblick, in dem der letzte Wagen die Knickstelle durchfahren hat, bleibt die von der Lok entsprechend der neuen Steigung geforderte Zugkraft konstant: Der Übergang von Z_{B1} der Steigung 1 auf Z_{B2} der neuen Steigung 2 ist abgeschlossen.

a) Verhältnisse an der Knickstelle

Während der Zug die Knickstelle durchfährt, ändert sich die Zugkraft zwischen der Knickstelle $x = 0$ und dem Punkt $x = L$ entsprechend dem Gewichtsanteil $\frac{G}{L} x$, der sich bereits auf der neuen Steigung S_2 befindet (Abb. 41a). Hierbei ist G das Gewicht der Anhängelast und L deren Länge.

Die Zugkraft an der Stelle x zwischen den Grenzen $x = 0$ und $x = L$ ist

$$Z_{Sx} = \frac{G}{L} S_2 x$$

In dem Maße, in dem sich Z_S ändert, ändert sich auch die Geschwindigkeit und mit dieser wiederum die Zugkraft zur Überwindung des geschwindigkeitsabhängigen Fahrwiderstands Z_F.

b) Auswirkungen auf den Zugablauf

In der Gleichung für die Beharrungszugkraft $Z_B = Z_F + Z_S$ war Z_F eine Funktion der Geschwindigkeit, auf Grund deren die $Z_B = f(v)$ - Linie im Lokkennlinienfeld eine durch die Wagenzahl und die Fahrwiderstandskennlinie $F = f(v)$ gegebene Neigung gegenüber der Z-Achse hat. Da Z_S von der Geschwindigkeit unabhängig ist, wird die Neigung der $Z_B = f(v)$ - Linie gegenüber der Z-Achse für einen gegebenen Zug mit gleichbleibender Wagenzahl unverändert bleiben, gleichgültig, wie sich der Absolutwert von Z_B auf Grund der sich mit der Steigung ändernden Z_S ändert. Eine Änderung der Steigungszugkraft um den Wert ΔZ_S hat damit nur eine Parallelverschiebung der $Z_B = f(v)$ - Linie um den Betrag ΔZ_S auf der Z-Achse zur Folge.

c) Berechnung des Zugablaufs, wenn die Knickstelle ohne Änderung der Fahrstufe durchfahren wird

Zur Erläuterung sei ein Beispiel für die elektrisch gekuppelte Doppellokomotive und die Förderwagen der Schachtanlage 1 entwickelt.

Forschungsberichte des Wirtschafts- und Verkehrsministeriums Nordrhein-Westfalen

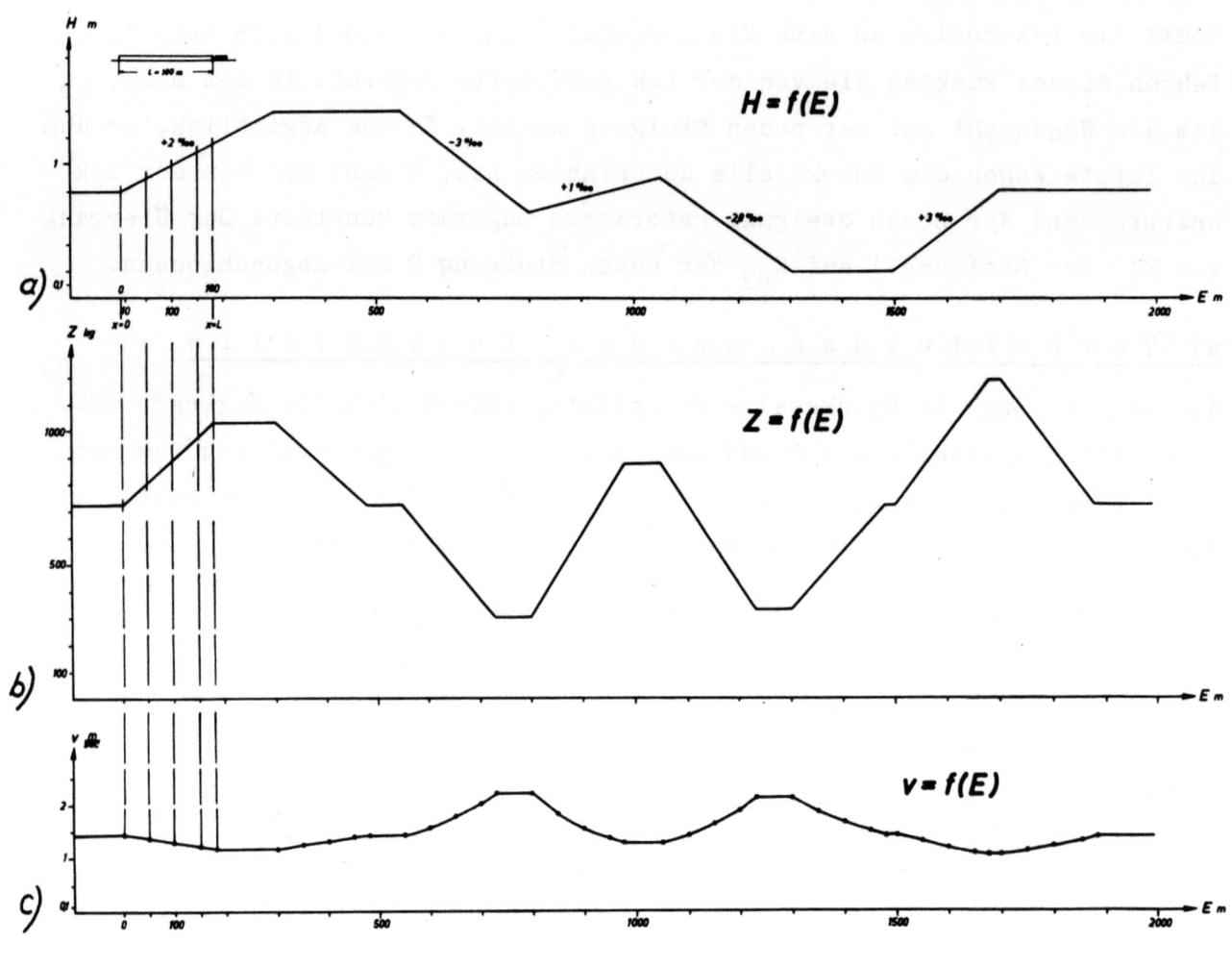

Abbildung 41

Angenommener Höhenplan (a) und der aus diesem berechnete Zugkraft- (b) und Geschwindigkeitsverlauf (c) in Abhängigkeit von der Entfernung für die Doppellok 1/2 und 100 Kohlenwagen der Schachtanlage 1

Abbildung 41 a zeigt den angenommenen Höhenriß H = f (E) der zu durchfahrenden Strecke. Es wird eine Anhängelast von 100 Kohlenwagen angenommen. Dies entspricht einem Gewicht von G = 170 t und einer Länge L = 180 m. Für die 100 Kohlenwagen wird aus der Fahrwiderstandskennlinie für die Kohlenwagen die Z_B - Kennlinie für die Steigung S = 0 berechnet und in das Lokkennlinienfeld eingetragen: Abbildung 43 (s.S. 83), Kennlinie 0. Die Schnittpunkte der Z_B - Linie mit den v-Kennlinien ergeben die bei den einzelnen Fahrstufen nach Erreichen des Beharrungspunkts sich einstellenden konstanten Geschwindigkeits-, Leistungs- und Zugkraftwerte. Es sei angenommen, daß der Zug sich mit konstanter Geschwindigkeit auf der Steigung S = 0 in Richtung x = 0 bewege.

Forschungsberichte des Wirtschafts- und Verkehrsministeriums Nordrhein-Westfalen
---

Bei Annahme der 6. Fahrstufe ergibt sich somit eine Zugkraft von $Z_B = 725$ kg bei einer Geschwindigkeit von $v_B = 1,44$ m/s. Würde sich der Zug bereits mit seiner gesamten Länge auf der neuen Steigung $S = +2°/oo$ befinden, so hätte sich die $Z_B = f(v)$ - Kennlinie bereits um die für die Steigung erforderliche Zugkraft $Z_S = n\, G_W\, S = 340$ kg verschoben: "Linie + 2°/oo". Hierbei ist n die Wagenzahl, G_W das Wagengewicht. Für $x = L$ müssen daher die aus dem Schnittpunkt dieser Linie mit der v-Kennlinie ablesbaren Beharrungswerte $Z_B = 1035$ kg, $v_B = 1,18$ m/s gelten. Diese Zugkraft wird in das $Z = f(E)$-Diagramm (Abb. 41b) in der Entfernung $x = L = 180$ m von der Knickstelle $x = 0$ eingetragen und mit dem Z = Wert an der Stelle $x = 0$ durch eine gerade Linie verbunden, da sich Z im Bereich $x = 0$ bis $x = L$ linear mit der Entfernung ändert. Für jedes beliebige x in diesem Intervall kann jetzt die beim Durchfahren dieser Stelle von der Lok aufzubringende Zugkraft Z_x abgelesen werden. Die hierbei herrschende Geschwindigkeit ergibt sich aus dem Kennlinienfeld, wenn man die $Z_B = f(v)$ -Linie um den der Entfernung x entsprechenden Zugkraftbetrag $\Delta Z = Z_x - Z_{x=0}$ verschiebt, und läßt sich in ein weiteres Diagramm $v = f(E)$ in Abbildung 41c eintragen. Nach dem Erreichen des Punktes $x = L$ sind alle Werte wieder konstant bis zum Erreichen der nächsten Knickstelle, an der analog zu verfahren ist. So erhält man aus dem Gelände und dem Kennlinienfeld die Zugkraft und die Geschwindigkeit als eine Funktion der Entfernung. Die für das Durchfahren der einzelnen Intervalle während des Übergangs von einer Steigung in die andere erforderliche Zeit läßt sich mit Hilfe der $v = f(E)$-Linie nach Festlegen der mittleren Geschwindigkeit v_m in dem betreffenden Intervall ΔE ermitteln und so das $v = f(E)$-Diagramm nach Wahl eines geeigneten Zeitmaßstabs ohne weiteres in ein $v = f(t)$-Diagramm (Abb. 42a) bzw. in ein $Z = f(t)$-Diagramm (Abb. 42b) überführen.

Es sei ausdrücklich darauf hingewiesen, daß die für die Überwindung einer Steigung erforderliche Zugkraft, wie sie mittels der $Z_B = f(v)$-Linie aus den v-Kennlinien bestimmt wird, im allgemeinen nicht mit der nach der Formel $Z_S = n\, G_W\, S$ berechneten Zugkraft übereinstimmt. Der Grund hierfür ist in der Geschwindigkeitsabhängigkeit von Z_B zu suchen: Bei einer Steigung sinkt mit steigender Zugkraft die Geschwindigkeit ab, damit aber sinkt wegen $F = f(v)$ auch die von der Lok geforderte Zugkraft ab, so daß diese kleiner wird als die auf Grund des Geländes berechnete. Umgekehrt steigt

Seite 81

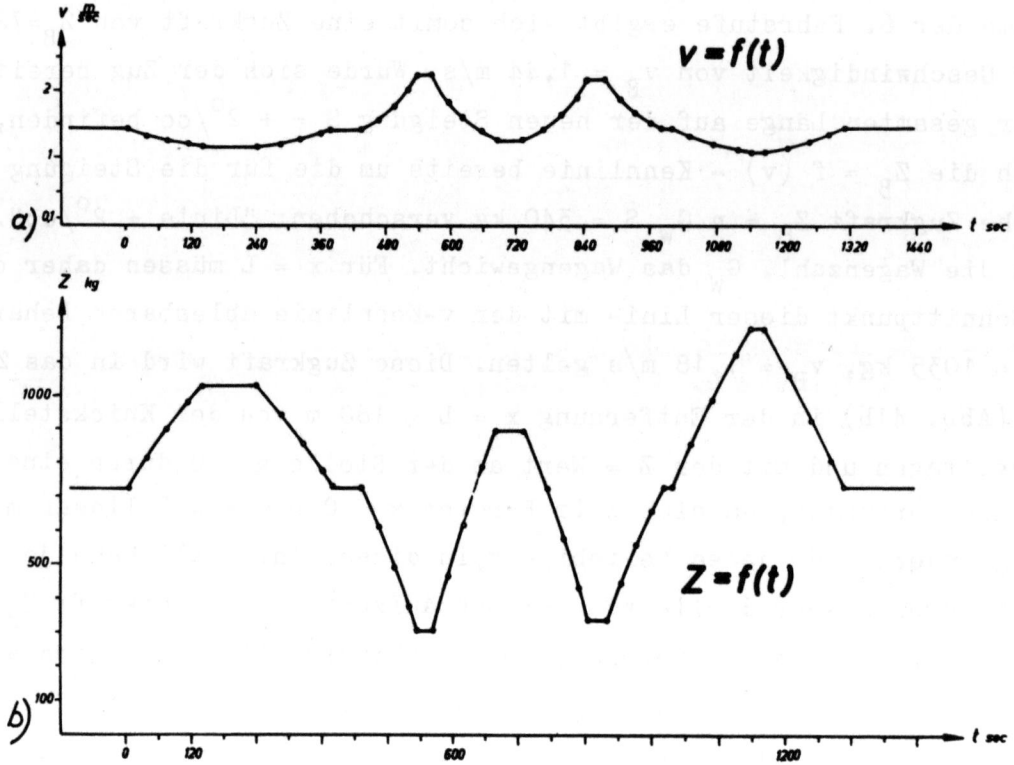

Abbildung 42

Geschwindigkeits- (a) und Zugkraftverlauf (b) in Abhängigkeit
von der Zeit, berechnet aus Diagramm Abbildung 41b und c

im Gefälle die Geschwindigkeit und damit der Fahrwiderstand. Die tatsächliche Zugkraftersparnis infolge des Gefälles wird daher kleiner als die berechnete.

d) <u>Berechnung des Zugablaufs bei Änderung der Fahrstufe beim Durchfahren der Knickstelle</u>

Wird während des Durchfahrens einer Knickstelle die Fahrstufe geändert oder wirkt sich ein Teil des Beschleunigungsablaufs infolge vorheriger Fahrstufenänderung durch Anfahren einer Knickstelle nach dem Schalten aus, so wird Z_B und damit der Bechleunigungsablauf nicht nur durch den geschwindigkeitsabhängigen Fahrwiderstand, sondern auch durch den von der durchfahrenen Entfernung abhängigen Geländeeinfluß bestimmt:

$$b = \frac{Z - (Z_F + Z_S)}{m}.$$

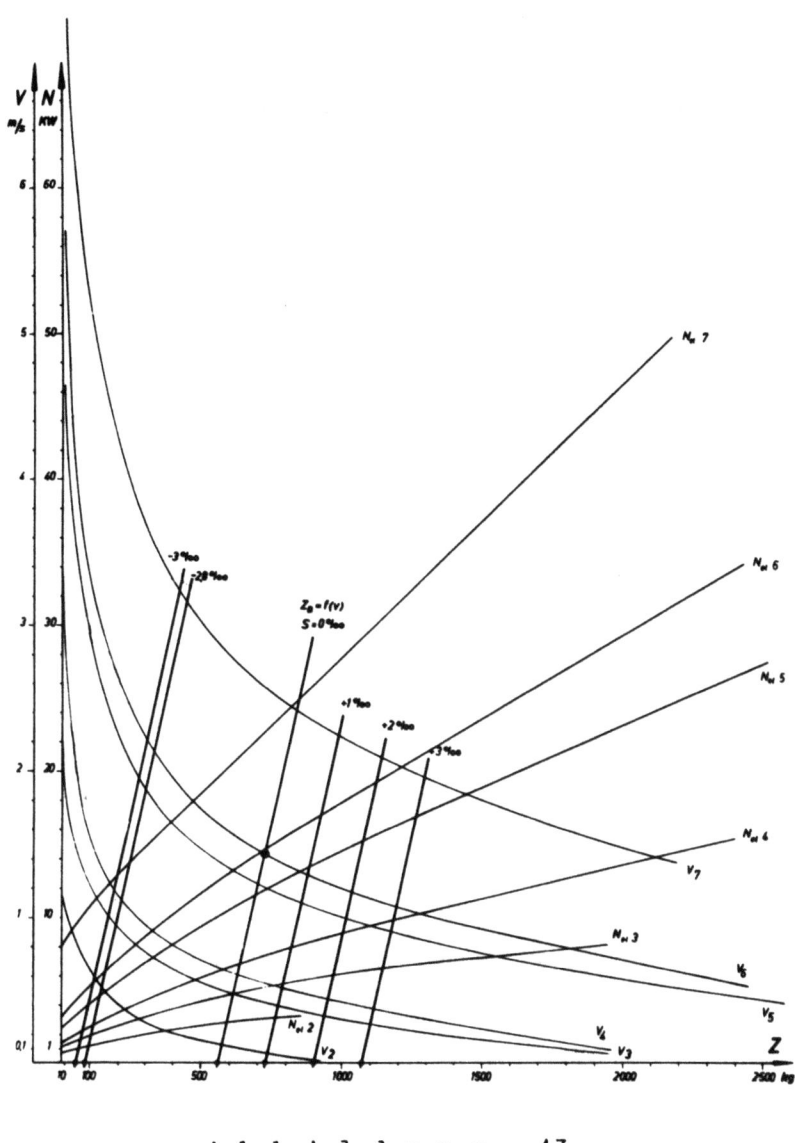

Abbildung 43

In das Lokkennlinienbild eingetragene Widerstandslinien für die
Strecken konstanter Steigung gemäß Höhenplan Abbildung 41a

Betrachtet man z.B. das erste Intervall der Abbildung 41a und nimmt man an, daß in dem Augenblick geschaltet werde, in dem die Lok die Knickstelle $x = 0$ durchfährt, so ist zwar in diesem Punkt noch die volle Beschleunigung erzielbar, da sich der Geländeeinfluß noch nicht auswirkt, in einem späteren Punkte, z.B. $x = 50$ m, ist jedoch nicht nur Z auf Grund der steigenden Geschwindigkeit entsprechend dem aus der v-Kennlinie zu entnehmenden Betrag abgesunken, sondern auch die $Z_B = f(v)$-Linie ist infolge der Steigung um den Betrag $Z_S = \frac{G}{L} S x$ weiter nach rechts gewandert, so daß die an dieser Stelle zur Verfügung stehende Beschleunigung auf Grund der Steigung wesentlich kleiner geworden ist. Trotzdem läßt sich der Zugablauf näherungsweise berechnen. Wählt man zur Berechnung der Beschleunigung die Zugkraftintervalle genügend klein, so daß die in dem betrachteten Intervall durchfahrene Strecke klein ist, so kann für dieses Intervall die Beharrungszugkraft als konstant angesehen und über die mittlere Geschwindigkeit und die Beschleunigungszeit der zurückgelegte Weg berechnet werden. Entsprechend der für diesen Weg aus dem $Z = f(E)$ - Diagramm abgelesenen Zugkraft verschiebt sich die $Z_B = f(v)$ - Linie im Kennlinienfeld und gilt als neues Z_B für die Berechnung des nächsten Intervalls. Für das neu zu berechnende Intervall wird jeweils der vorhergehende Z_B - Wert eingesetzt. Da die mittlere Beschleunigung b_m mit sinkender Zugkraft sinkt, Δv und v_m dagegen ständig wachsen, ist der zurückgelegte Weg bei den niedrigen Z-Werten wesentlich größer als bei den hohen, weshalb eine Einteilung in kleine Intervalle besonders für niedrige Z-Werte von Bedeutung ist.

3. Die Zuglänge ist groß gegen die Streckenabschnitte konstanter Steigung

a) Die Bestimmung der mittleren Zugkraft Z_{Sm}

Bei einem Gelände, das keine Streckenabschnitte konstanter Steigung grösser als die Zuglänge aufweist, richtet sich die von der Anhängelast auf Grund der Steigung am Zughaken der Lok geforderte Zugkraft nach der mittleren Steigung, die der gesamte Zug zu überwinden hat. Diese mittlere Steigung ist gekennzeichnet durch den Höhenunterschied ΔH zwischen dem Zughaken der Lok und dem letzten Wagen:

$$S_m = \frac{\Delta H}{L} \; .$$

Liegt ein genauer Höhenplan $H = f(E)$ der Strecke (Abb. 44 stark ausgezogen) vor, so läßt sich dieser Höhenunterschied ΔH sofort abgreifen, wenn man den Höhenplan um die Länge der Anhängelast L auf der Grundlinie verschiebt (dünn gestrichelt).

Für jedes ΔH kann dann die mittlere Steigungskraft Z_{Sm} ermittelt werden:

$$Z_{Sm} = G \, S_m = \frac{G}{L} \cdot \Delta H \; .$$

Da Z_{Sm} somit proportional ΔH ist, brauchen nur die ΔH-Werte = f (E) auf einer gemeinsamen Grundlinie (Abb. 45) aufgezeichnet zu werden, um für jedes beliebige x die an dieser Stelle von der Lok abzugebende mittlere Steigungszugkraft Z_{Sm} angeben zu können. Aus dem für ΔH gewählten Maßstab berechnet sich der Maßstab $M_{Z_{Sm}}$:

$$M_{Z_{Sm}} = \frac{G}{L} \cdot M_{\Delta H}$$

b) **Berechnung des v = f (t) - Diagramms für eine bestimmte Fahrstufe**

Wie unter 1. wird zunächst die Z_B = f (v) - Linie für S = 0 mit Hilfe der F = f (v) -Kennlinie berechnet und in das Lokkennlinienfeld eingezeichnet. Die sich aus dem Schnittpunkt mit der v-Kennlinie der betreffenden Fahrstufe ergebende Beharrungszugkraft Z_B für S = 0 wird im Maßstab $M_{Z_{Sm}}$ von einem Punkt ΔH = 0 im ΔH = f (E)-Diagramm nach unten abgetragen. So ergibt sich die Z = O-Linie, von der aus die Gesamtzugkraft Z als Ordinate aufgetragen werden kann.

Für die Berechnung des v = f (t)-Diagramms ist es jedoch einfacher, die Nullinie des aus ΔH ermittelten Zugkraftdiagramms bei ΔH = 0 bzw. Z_{Sm}=0 zu belassen. Von einer Stelle x beginnend liest man das zugehörige Z_{Sm} ab, verschiebt im Lokkennlinienfeld die Linie Z_B = f (v) für S = 0 um diesen Betrag und erhält im Schnitt mit der v-Kennlinie die Geschwindigkeit v_x in diesem Punkt. Für den benachbarten Punkt $\Delta E = x + \Delta x$ wird die Linie Z_B = f(v) wieder um den abgelesenen Betrag Z_{Sm} verschoben und auch hierfür die Geschwindigkeit v ermittelt. Aus der mittleren Geschwindigkeit zwischen den beiden Punkten und der Entfernungsdifferenz ΔE berechnet sich die für das Durchfahren dieser Strecke erforderliche Zeit.

So ergibt sich von Punkt zu Punkt fortschreitend Z bzw. v als Funktion der Entfernung oder der Zeit.

c) **Berechnung des v = f (t) -Diagramms bei Änderung der Fahrstufe**

Eine Berechnung des Zugablaufs unter den oben zu Grunde gelegten Verhältnissen bei Änderung der Fahrstufe ist nicht mehr möglich. Hierzu müßten die gleichen Vereinfachungen gemacht werden, wie sie für die Berechnung des

Forschungsberichte des Wirtschafts- und Verkehrsministeriums Nordrhein-Westfalen

Zugablaufs beim Schalten in Knickstellen gemacht wurden. Da sich Z_S aber im Gegensatz zu dort nicht kontinuierlich ändert, muß ein Berechnungsversuch scheitern, da er von Voraussetzungen ausgehen müßte, die den vorliegenden Verhältnissen nicht mehr gerecht würden und daher auch keine Rückschlüsse auf den tatsächlichen Ablauf zulassen.

d) Die Berechnung eines Beispiels

Die Berechnung des tatsächlichen Zugablaufs in einem Gelände mit ständig wechselnden Steigungen ist nur möglich, wenn ein sehr genauer Höhenplan dieser Strecke vorliegt, der es erlaubt, das Diagramm $\Delta H = f(E)$ bzw. $Z_{Sm} = f(E)$ ganz genau zu bestimmen. Nur bei Schachtanlage 4 lag die Möglichkeit vor, auf Grund eines solchen Höhenplans einen Berechnungsversuch durchzuführen. Leider konnte die Aufnahme der Strecke erst 3 Monate nach Abschluss der Meßfahrten erfolgen, so daß eine genaue Übereinstimmung dieses Höhenplans mit dem zur Zeit der Messung gültigen auf der stark befahrenen Richtstrecke zweifelhaft erscheinen muß.

Der in übertrieben großem Ordinatenmaßstab dargestellte Höhenplan (Abb.44, S.87) ist auf die Oberkante der östlichen Schiene bezogen; die Höhenpunkte sind alle 10 m aufgenommen. Für die Zeichnung des Höhenplans wurde nicht von einem bereits gezeichneten ausgegangen, sondern zur Erhöhung der Genauigkeit von den gemessenen Werten, die auf etwa 2,5 mm genau vorlagen.

Als Berechnungsbeispiel soll ein Zug mit 29 Kohlenwagen Richtung Feld herausgegriffen werden, der außerhalb der Förderung gemacht wurde. Als Lok diente die unter D 4/8 näher bezeichnete Maschine. Das mit der 5. Fahrstufe gefahrene Diagramm zeigt die Abbildung 50 (s.S. 95) unten. Für die 29 Kohlenwagen ergab sich einschließlich der Kupplungen in ausgezogenem Zustand eine Gesamtlänge von 101 m als Länge der Anhängelast.

Abbildung 44 zeigt den Höhenplan und seine Verschiebung um L = 100 m. Bei jeder beliebigen Entfernung zeigt die ausgezogene Linie die Höhe des 1. Wagens (bezogen auf die der Lok zugekehrte Kupplung), die gestrichelte Linie (senkrecht darunter oder darüber) die Höhe des letzten, 29. Wagens. Diese für jeden Punkt herausgegriffene Höhendifferenz ΔH ist in doppeltem Höhenmaßstab auf einer gemeinsamen Grundlinie $\Delta H = 0$ in Abbildung 45 (s.S.88) aufgetragen. Die entsprechend der Höhendifferenz für die mittlere Steigung aufzubringende mittlere Steigungszugkraft Z_{Sm} ist in dem gemäß 1. gerechneten Maßstab ebenfalls aufgetragen. Die in der üblichen Weise aus dem

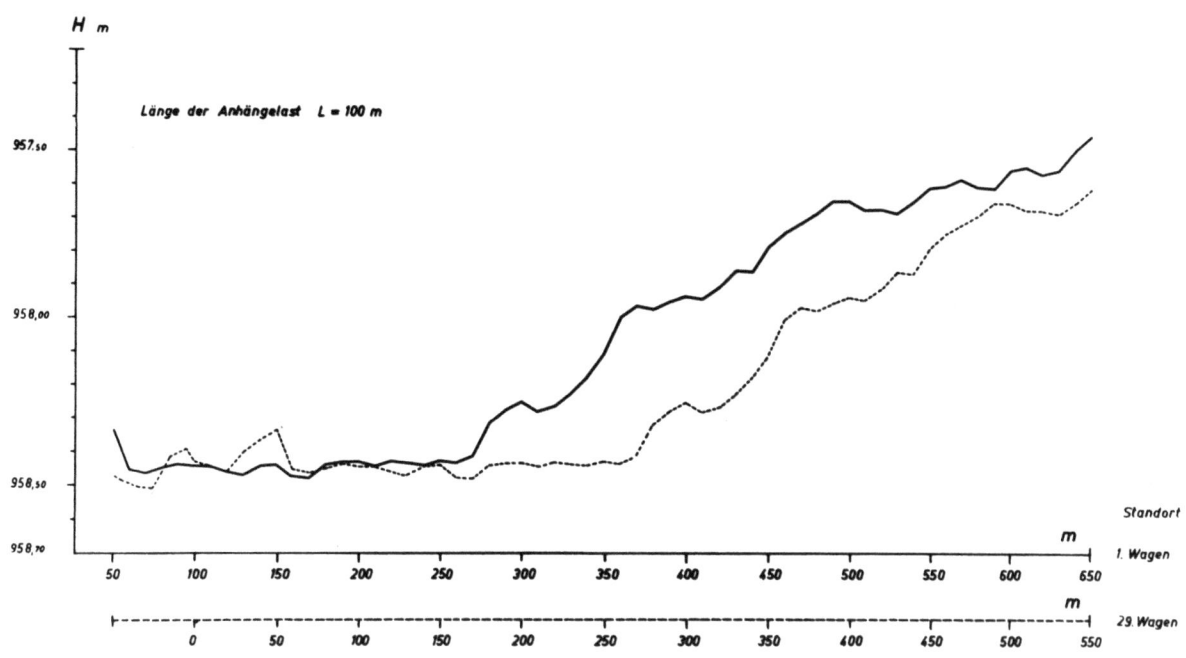

Abbildung 44

Höhenplan eines Streckenabschnitts der Schachtanlage 4 (ausgezogen)
und seine Verschiebung um die Länge der Anhängelast L = 100 m
(gestrichelt) zur Bestimmung der mittleren Steigungszugkräfte
in Abhängigkeit von der Entfernung

F = f (v) -Diagramm berechnete Z_B = f (v) -Linie (Abb. 49, gestrichelt) (s.S. 94) ergab für 29 Kohlenwagen bei einer Steigung S = 0 für die 5. Fahrstufe eine Beharrungszugkraft Z_B = 380 kg. Von Z_{Sm} = 0 nach unten abgetragen, ergeben diese 380 kg die Null-Linie der von der Lok aufzubringenden Gesamtzugkraft Z, deren Ordinate in Abbildung 45 rechts aufgetragen wurde.

Mit Z_{Sm} = f (E) berechnet man den Zugablauf wie unter 2. beschrieben. Abbildung 46 (s.S. 89) zeigt eine Gegenüberstellung des berechneten und des gemessenen Diagramms. Da ein Vergleich der Anfahrabschnitte nicht möglich ist, wie bereits unter c) ausgeführt, wurden diese Abschnitte bei der Darstellung der beiden Diagramme weggelassen. Die Diagramme zeigen einen qualitativ ähnlichen Verlauf, der quantitativ jedoch an manchen Stellen stärkere Abweichungen aufweist.

Die Unterschiede erklären sich aus verschiedenen Gründen. Auf den wichtigsten Grund, nämlich die erst drei Monate nach Abschluß der Versuchsfahrten erfolgte Aufnahme dieser stark befahrenen Richtstrecke, wurde bereits hin-

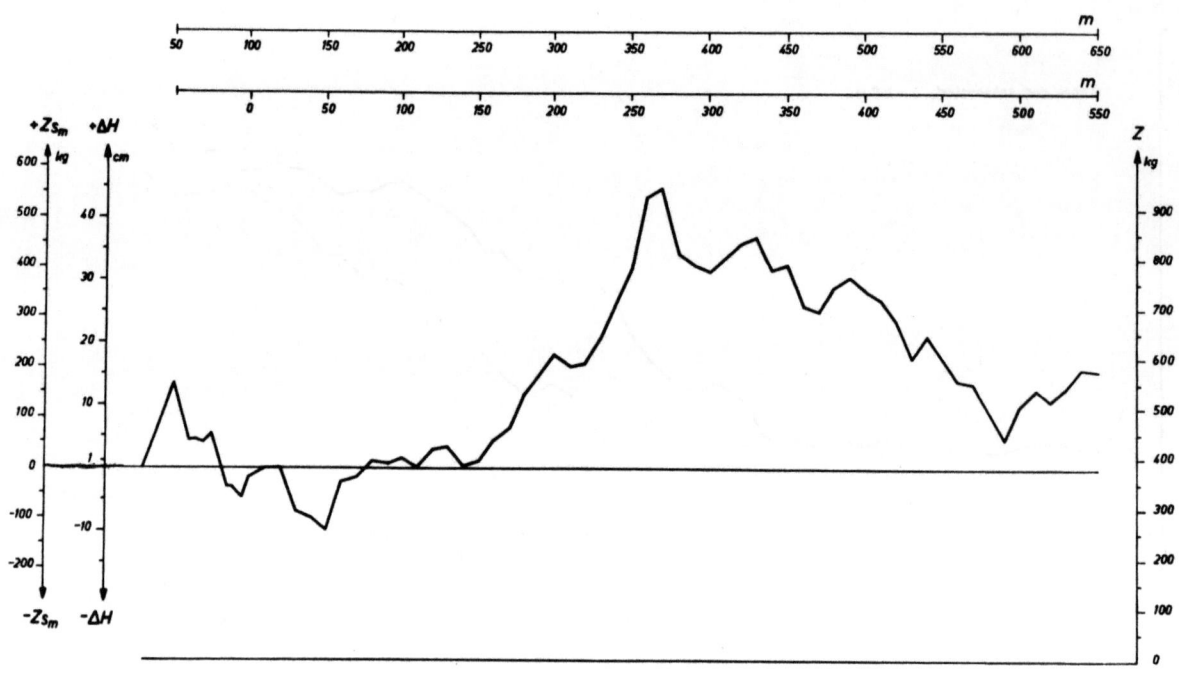

Abbildung 45

Höhenunterschied ΔH zwischen 1. und 29. Wagen, mittlere Steigungszugkraft Z_{Sm} und Zughakenkraft Z in Abhängigkeit von der Entfernung zur Berechnung des Fahrdiagramms aus gegebenem Höhenplan bei Zuglänge größer als Strecken konstanter Steigung

gewiesen. Ein weiterer Grund hierfür kann sein, daß der Höhenplan von nur einer Schiene vorlag, von dem die andere Schiene abweichen konnte, da die Schienen der Höhe nach nicht besonders ausgerichtet waren. Ferner sagt ein Höhenplan nichts über die Durchbiegung der Schienen oder Schienenstöße unter dem Zuggewicht an schlecht unterbauten oder schlecht gestopften Stellen. Hinzu kommt, daß die Zugablaufberechnung gerade bei Großraumwagen besonders empfindlich ist gegen Abweichungen des tatsächlichen Geländeverlaufs gegenüber einem der Berechnung zu Grunde gelegten Höhenplan. Der Grund hierfür ist, daß bei gleichem Höhenunterschied ΔH die mittlere Steigungszugkraft Z_{Sm} von dem Verhältnis $\frac{G}{L}$ abhängig ist, das bei belasteten Großraumwagen höher liegt als bei kleinen Wagen.

4. Vereinfachte Berechnung des Fahrdiagramms

In den vorstehenden Abschnitten 2 und 3 wurden die Möglichkeiten besprochen, den Zugablauf aus dem Kennlinienfeld für jedes beliebige Gelände zu be-

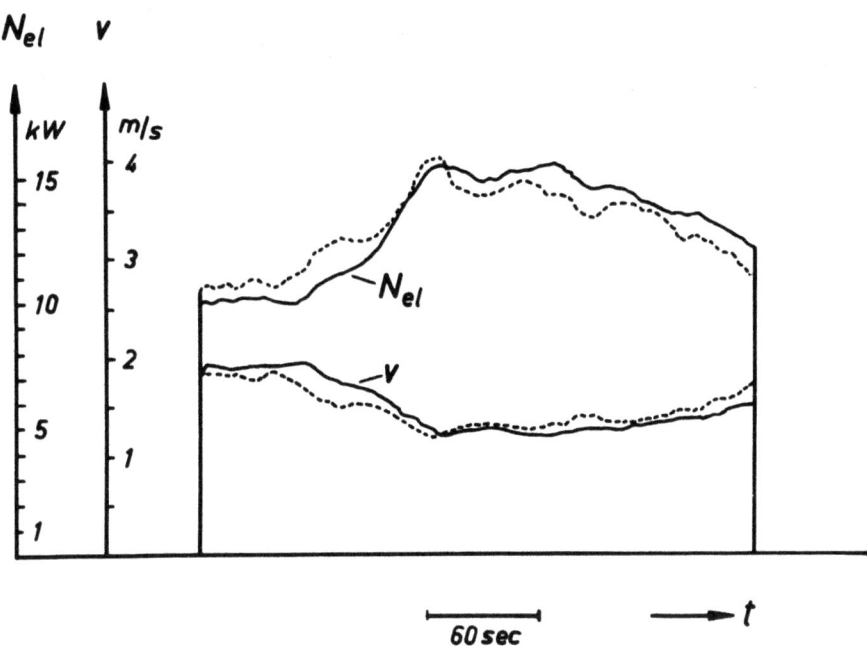

Abbildung 46

Fahrdiagramm eines Kohlenzuges auf einer Strecke
ständig wechselnder Steigungen ——— gemessen,
– – – – aus Höhenplan berechnet

rechnen. Hierbei war es das Ziel, den Rechengang so zu gestalten, daß das berechnete Diagramm dem tatsächlichen Zugablauf möglichst nahe kam. Hierzu war vor allem in den Fällen, in denen die Zuglänge groß gegen die Strecken konstanter Steigung war, ein sehr genauer Höhenplan der Strecke erforderlich. Dieser wird in der Regel nicht vorliegen. Aber auch dort, wo er vorliegt, wird er auf Grund der sich laufend ändernden örtlichen Verhältnisse in kürzerer Frist seine Gültigkeit verlieren. Für praktischen Gebrauch wird ein Verfahren genügen, das zwar dem tatsächlichen Zugablauf nicht entspricht, aber genügend genaue Unterlagen liefert über die für einen bestimmten Zug zu erwartenden mittleren Verbrauchswerte.

a) <u>Die Berechnung der mittleren Verbrauchswerte</u>

Befährt ein Zug eine Steigung, so ist ausser der Arbeit, die für die Beschleunigung der Zugmasse und für die Überwindung des Fahrwiderstands in der Ebene erforderlich ist, noch eine zusätzliche Hubarbeit an dem Gewicht des Zuges zu leisten, welche der Erhöhung der potentiellen Energie entspricht.

Befährt der Zug eine Gefällstrecke, so verringert sich der Betrag, den die Lokomotive für die Beschleunigungs- und Fahrwiderstandsarbeit in der Ebene aufzubringen hätte, analog um den Betrag, den der Zug unter Verkleinerung seiner potentiellen Energie freimacht. In jedem Fall ist die aufzuwendende oder freiwerdende Hubarbeit

$$A_H = G \cdot \Delta H.$$

Hierbei ist ΔH der Höhenunterschied zwischen dem Anfangspunkt und dem Endpunkt der zu durchfahrenden Strecke E. Für diesen Streckenabschnitt ergibt sich die mittlere Steigung

$$S_m = \frac{\Delta H}{E}$$

und hiermit die Hubarbeit

$$A_H = G E S_m.$$

Der Zugkraftanteil für die Überwindung dieser mittleren Steigung ist

$$Z_{Sm} = G S_m$$

Da für die an einem Zug zu leistende Hubarbeit nur der Höhenunterschied zwischen Anfangs- und Endpunkt der Strecke maßgebend ist, spielt der Neigungsverlauf auf der dazwischen liegenden Strecke theoretisch keine Rolle. In Wirklichkeit hat dieser wegen der Geschwindigkeitsabhängigkeit des Fahrwiderstands und der Krümmung der v-Kennlinie doch einen gewissen Einfluß auf den Zugkraftverlauf. Für die näherungsweise Bestimmung der mittleren Verbrauchswerte kann dieser Einfluß aber vernachlässigt werden.

Häufig werden nur Anhaltswerte über die insgesamt zu erwartende mittlere Höhendifferenz zwischen Anfangs- und Endpunkt der Strecke vorhanden sein, und diese genügen auch zur Bestimmung der mittleren Steigung. Wo ein genauer Höhenplan der Strecke vorliegt, kann die Höhe der Anfangs- und Endpunkte genau bestimmt werden. Da sich der Zug jedoch an der Abfahrts- bzw. Ankunftsstelle über eine gewisse Länge erstreckt, wird zwischen Zugspitze und Zugende im allgemeinen ein Höhenunterschied gegeben sein. Die für die Berechnung anzusetzende Höhe des Anfangs- bzw. Endpunktes ergibt sich dann jeweils aus der mittleren Höhe der Zugspitze und des Zugendes an den betreffenden Punkten.

Forschungsberichte des Wirtschafts- und Verkehrsministeriums Nordrhein-Westfalen

Die Berechnung des Zugablaufs wird nach Bestimmen der einzelnen Zugkraftkomponenten wieder in der Form durchgeführt, wie sie unter III. für konstante Steigung erläutert ist.

b) B e r e c h n e t e   B e i s p i e l e

Zwei Beispiele sollen dieses Verfahren erläutern.

1) Als erstes Beispiel sei eine Fahrt mit 30 Leerwagen in Richtung Feld auf der Schachtanlage 2 herausgegriffen. Ein Höhenplan der Strecke lag nicht vor. Die auf dieser Strecke durchgeführten Fahrwiderstandsmessungen ergaben eine mittlere Steigung von ungefähr 2°/oo zwischen Anfangs- und Endpunkt der Strecke. Mit Hilfe dieser mittleren Steigung, dem bekannten mittleren Wagengewicht und der Fahrwiderstandskennlinie $F = f(v)$, (Abb.18) (s.S. 42) wurde die Linie $Z_B = f(v)$ für 30 Leerwagen Richtung Feld berechnet und in das Kennlinienfeld der unter D 2/4 im einzelnen beschriebenen Lok eingetragen (Abb. 47 s.S. 92). Aus dem gemessenen Diagramm (Abb. 48 s. S. 93 unten) wurden wieder die Zeiten entnommen, die auf den einzelnen Fahrstufen gefahren wurden. Durch Berechnung der bis zum Erreichen des Beharrungspunkts der letzten hier verwendeten Fahrstufe zurückgelegten Entfernung konnte die mit der konstanten Beharrungsgeschwindigkeit noch zurückzulegende Entfernung bis zum Endpunkt der Strecke ermittelt werden. Die Fahrzeit im Beharrungsabschnitt ergab sich dann durch Division dieser Restentfernung durch die Beharrungsgeschwindigkeit. Der Zugablauf ist in das Kennlinienbild (Abb.47) eingetragen, das Ergebnis der Berechnung aus Abbildung 48 oben ersichtlich.

Ein Vergleich des berechneten und gemessenen Diagramms ergibt folgende Abweichungen:

	gemessen	berechnet	Abweichung
Elektrische Arbeit	0,427 kWh	0,45 kWh	+ 5,4%
Fahrzeit	282 sec.	286 sec.	+ 1,4%
Entfernung	gleich groß, da Entfernung zu Grunde gelegt		

Die Abweichungen zwischen dem gemessenen und berechneten Diagramm sind auch hier darauf zurückzuführen, daß als Fahrwiderstand der mittlere Fahrwiderstand, als Gewicht ein mittleres Gewicht und als Steigung die aus

Seite 91

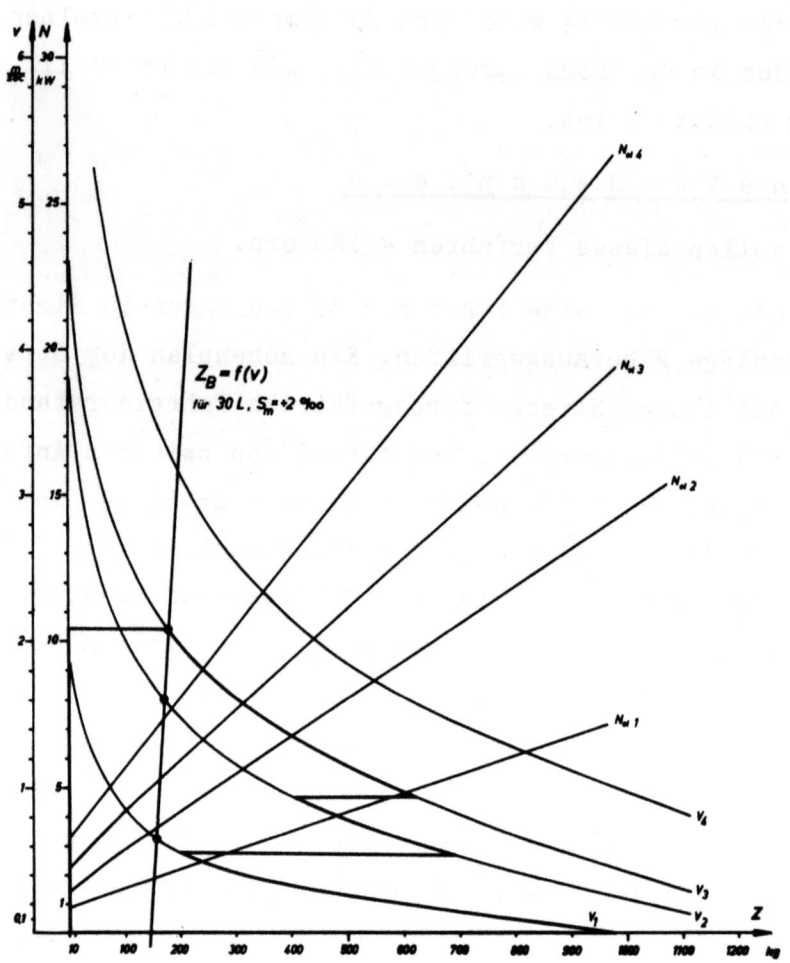

Abbildung 47

Zugablauf im Kennlinienfeld zur Berechnung des
vereinfachten Fahrdiagramms Abbildung 48 oben

den Fahrwiderstandsmessungen nur grob bestimmbare mittlere Steigung der
Rechnung zu Grunde gelegt werden mußte.

2) Als zweites Beispiel sei die Fahrt mit 29 Kohlenwagen in Richtung Feld
auf der Schachtanlage 4 herausgegriffen, die bereits verwendet wurde, um
den Zugablauf bei gegebenem genauen Höhenplan zu berechnen (3, d). Die
mittlere Steigung zwischen Anfangs- und Endpunkt der Strecke wurde dem
Höhenplan zu $S_m = 1,68^o/oo$ entnommen und über das mittlere Wagengewicht

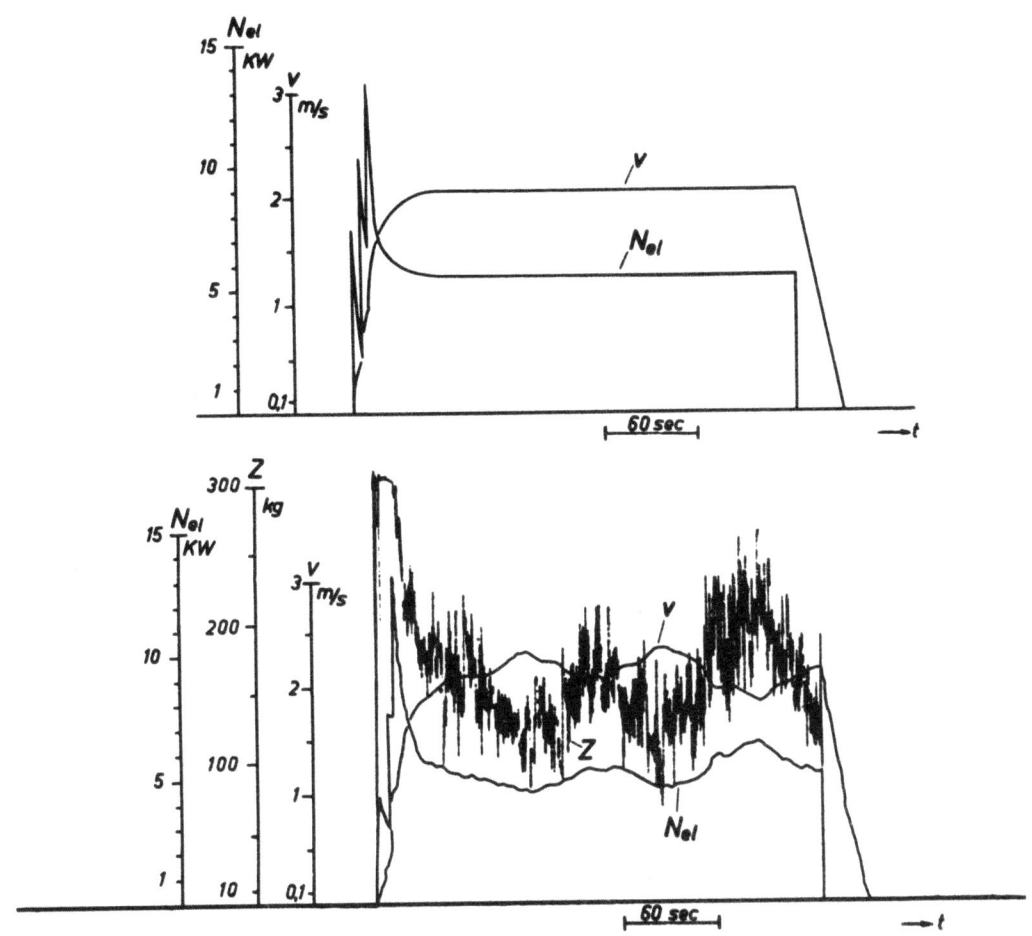

Abbildung 48

unten: Durch Messung ermitteltes Fahrdiagramm der mit 30 Leerwagen Richtung Feld (Strecke ständig wechselnder Steigung) fahrenden Lok D 2/4 auf Schachtanlage 2.

oben: Das aus dem Kennlinienfeld (Abb. 47) über die mittlere Steigung berechnete vereinfachte Fahrdiagramm.

und die Kennlinie $F = f(v)$ (Abb.27) die Linie $Z_B = f(v)$ für 29 Kohlenwagen in Richtung Feld berechnet. Abbildung 49 (s.S. 94) zeigt diese Linie sowie den Zugablauf, wie er sich unter Zugrundelegung der aus dem gefahrenen Diagramm entnommenen Zeiten für die Anfahrstufen ergab. Die Fahrzeit auf der 5. Fahrstufe nach Erreichen des Beharrungspunktes ergab sich wieder aus der noch zurückzulegenden Entfernung und der Beharrungsgeschwindigkeit. Abbildung 50 (s.S. 95) zeigt unten das gefahrene, oben das berechnete Diagramm.

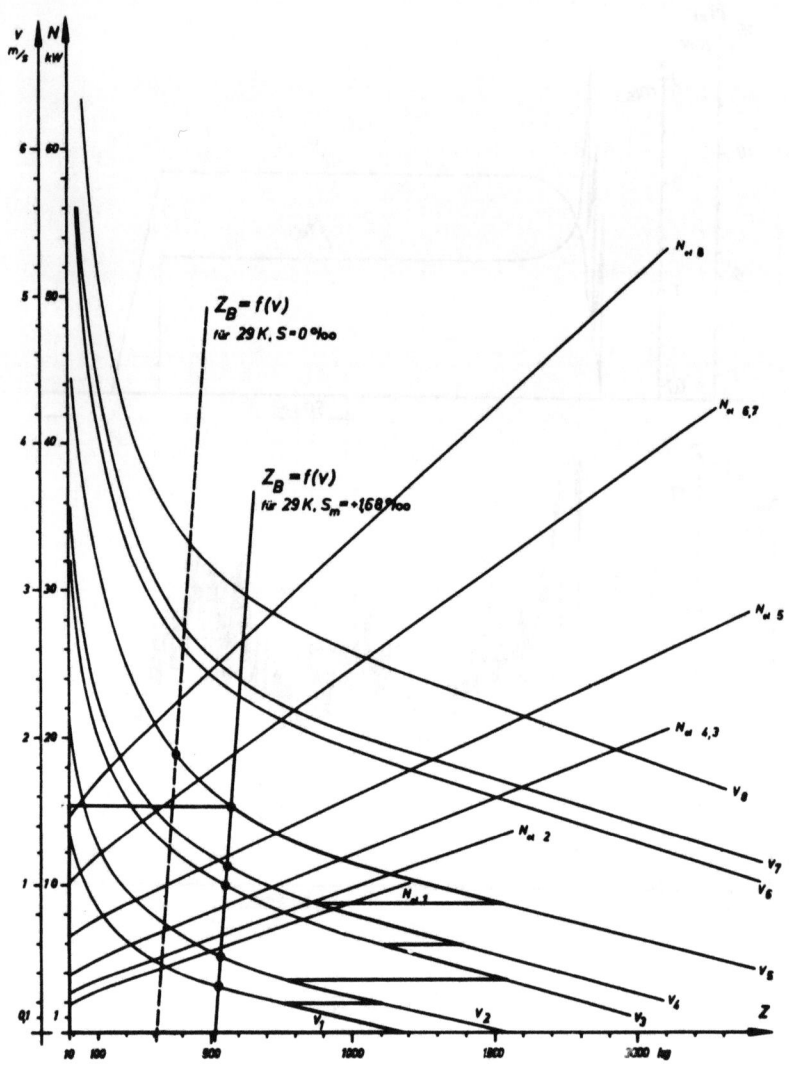

Abbildung 49

Zugablauf im Kennlinienfeld zur Berechnung des vereinfachten
Fahrdiagramms Abbildung 50 oben

Der Vergleich des berechneten mit dem gemessenen Diagramm hat folgendes
Ergebnis:

	gemessen	berechnet	Abweichung
Elektrische Arbeit	1,158 kWh	1,167 kWh	+0,78%
Fahrzeit	342 sec.	346,25 sec.	+ 1,23%
Entfernung	gleich groß, da Entfernung zu Grunde gelegt		

Seite 94

Forschungsberichte des Wirtschafts- und Verkehrsministeriums Nordrhein-Westfalen

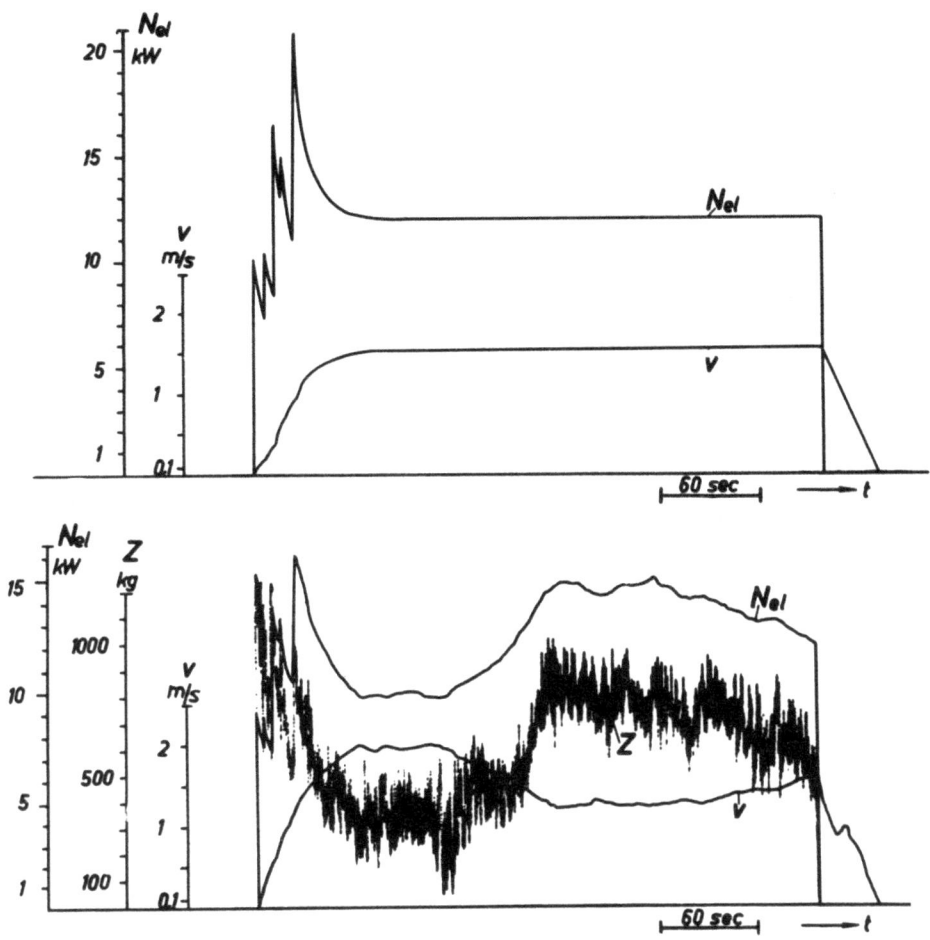

Abbildung 50

unten: Durch Messung ermitteltes Fahrdiagramm der mit 29 Kohlenwagen
Richtung Feld (Strecke ständig wechselnder Steigung)
fahrenden Lok D 4/8 auf Schachtanlage 4

oben: Das aus dem Kennlinienfeld (Abb. 49) über die mittlere Steigung berechnete vereinfachte Fahrdiagramm.

In beiden Beispielen wurde für den Vergleich der Zeit nur die Zeit bis zum Abschaltpunkt herangezogen, da der freie Massenauslauf nach dem Abschalten sich bei den gefahrenen Zügen nach den tatsächlichen Geländeverhältnissen der Auslaufstrecke richtete, während bei der Berechnung die mittlere Steigung zu Grunde gelegt wurde.

Forschungsberichte des Wirtschafts- und Verkehrsministeriums Nordrhein-Westfalen

V. Der spezifische und absolute elektrische Zugarbeitsverbrauch

1. Der spezifische Arbeitsverbrauch, die Kurven $A_{spez.} = f(Z)$

In den vorstehenden Kapiteln wurden die Methoden entwickelt, die es ermöglichen, das Fahrdiagramm unter den verschiedensten Geländeverhältnissen zu berechnen. Letztes Ziel der Berechnungen wird im allgemeinen immer die Feststellung der Verbrauchswerte und der Fahrzeit sein. Da solche Fahrdiagrammberechnungen für Überlegungen der Betriebspraxis zu umständlich und zeitraubend sind, wurde aus den Kurven $N_{El} = f(Z)$ und $v = f(Z)$ der Kennlinienbilder aller untersuchten Lokomotiven Kurven des spezifischen Arbeitsverbrauchs $A_{spez} = f(Z)$ für die einzelnen Fahrstufen ermittelt und in gesonderten Kurvenblättern zusammengestellt (Abb. D 1/1c in Abschnitt D). Die Kennlinien $A_{spez} = f(Z)$ geben für jede Lokomotive den Arbeitsverbrauch je m Weg für jede Fahrstufe in Abhängigkeit von der Zugkraft an. Als Einheiten für den Energieverbrauch sind jeweils kWh und Wh angegeben und ausserdem noch gesondert die der Batterie entnommenen Amperestunden in 10^{-3} Ah.

2. Die Bestimmung des absoluten Arbeitsverbrauchs

a) Zur überschlägigen Bestimmung des Energiegrundverbrauchs eines Zuges für bestimmte Fahrbedingungen muß zunächst die Beharrungszugkraft der Fahrstufe, mit der die Strecke befahren werden soll, ermittelt werden. Diese ergibt sich in bekannter Weise durch Eintragen der $Z_B = f(v)$ - Linie in das Kennlinienbild der Lokomotive, wodurch der Beharrungspunkt festgelegt wird. Mit Hilfe der so bestimmten Beharrungszugkraft Z_B liest man aus dem Kennlinienfeld des spezifischen Arbeitsverbrauchs der Lok im Schnitt mit der Kennlinie der entsprechenden Fahrstufe den spezifischen Arbeitsverbrauch, d.h. die pro Meter geleistete elektrische Arbeit ab. Dieser Arbeitsverbrauch pro Meter wird mit der zu fahrenden Entfernung multipliziert und ergibt dann den Batteriearbeitsverbrauch des Zuges auf dieser Strecke für den Fall, daß der Betriebspunkt des Zuges vom ersten Augenblick an sofort im Beharrungspunkt der gewählten Fahrstufe liegen würde. Dies ist nicht der Fall, solange in den unteren Fahrstufen hochgeschaltet wird, bzw. in der gewählten Fahrstufe die Beschleunigung noch nicht abgeklungen ist. Da im allgemeinen der spezifische Energieverbrauch bezogen auf dieselbe Zugkraft umso größer ist, je kleiner die Fahrstufe ist, ferner die in den Anfahrstufen und der Endstufe erforderliche Beschleunigungsarbeit eine weitere Vergrößerung des Energieverbrauchs mit sich bringt, muß der tatsächliche Arbeitsverbrauch höher liegen als der wie vorstehend berechnete.

b) Die Abschätzung des hierdurch bedingten Mehrbetrags ist nicht ohne weiteres möglich, da sowohl die Beschleunigungsarbeit wie auch die Beharrungsarbeit (Arbeit unter Zugrundelegung der Beharrungswerte) von zum Teil nicht eindeutig erfassbaren oder nicht allgemein gültigen Bedingungen abhängen, wie z.B. der Art des Kennlinienfeldes, der Lage des Betriebspunktes in diesem, dem Verhältnis der Wagenmasse zur Lokomotive, dem Verhältnis des Fahrwiderstands zum Wagengewicht, der Steigung, der Fahrtrichtung (bei $S \neq 0$) usw. Diese Einflußbedingungen ergeben in ihrer Gesamtheit gewertet einen desto größeren prozentualen Zuschlagswert, je größer die Zugmasse und damit die Beschleunigungsarbeit gegenüber der durch Fahrwiderstand und Steigung bestimmten Beharrungsarbeit und je kürzer die Gesamtfahrzeit im Verhältnis zur Anfahr- bzw. Beschleunigungszeit ist.

Setzt man normales Hochschalten voraus, d.h. wird auf den einzelnen Fahrstufen nicht länger gefahren als dies für das Anfahren erforderlich ist, so kann man bei einer normalen mittleren Steigung von 2°/oo Richtung Feld mit folgenden Zuschlagswerten für die Berücksichtigung der unteren Fahrstufen und der Beschleunigungsarbeit rechnen:

Bei Fahrten von ca. 500 m Länge Richtung Feld ca. 10-15%,
Richtung Schacht ca. 25 %.

Bei Fahrten von ca. 1000 m etwa je die Hälfte der für 500 m angegebenen Werte.

Bei Fahrten über 2000 m kann der Zuschlag unterbleiben.

Die unterschiedliche Größe des Zuschlags in den beiden Fahrtrichtungen erklärt sich daraus, daß bei Fahrten mit Steigung der Arbeitsanteil im Beharrungsabschnitt größer ist als bei Fahrten mit Gefälle.

Diese Zuschlagswerte sind - wie bereits oben hervorgehoben - nur mittlere Anhaltswerte, die je nach Anzahl der beim Anfahren benützten Fahrstufen mehr oder weniger zutreffen, doch dürften sie für überschlägige Berechnungen ausreichen.

3. Beispiele für die überschlägige Berechnung des elektrischen Arbeitsverbrauchs

Als Berechnungsbeispiele seien die beiden Fahrten ausgewählt, die in C, IV., 4., b) zur vereinfachten Berechnung der Fahrdiagramme verwendet wurden.

a) Bei der Fahrt mit 30 Leerwagen Richtung Feld auf der Schachtanlage 2 ergibt sich aus der Arbeitsfläche des berechneten $N_{El} = f(t)$-Diagramms, daß für die bis zum Abschalten gefahrene Entfernung von 556 m der Arbeitsverbrauch 1620 kWs betrug. Das berechnete Diagramm wird als Vergleichsgrundlage zu Grunde gelegt, weil für die überschlägige Bestimmung ebenfalls von der über die mittleren Werte bestimmten $Z_B = f(v)$ -Linie ausgegangen wird. Aus dem Diagramm für den spezifischen Arbeitsverbrauch auf der 3. Fahrstufe A_3 (Abb. D 2/4c) der in diesem Betrieb eingesetzten Lok 2/4 erhält man für $Z_B = 180$ kg (Abb. 47, s.S. 92) ein $A_{spez} = 2{,}6 \frac{kWs}{m}$. Hieraus ergibt sich die elektrische Arbeit zu:

$$A_{El} = A_{spez.} \cdot E = 2{,}6 \frac{kWs}{m} \cdot 566 \text{ m} = 1470 \text{ kWs}.$$

Mit einem Zuschlag von 10% ergibt sich der gleiche Energieverbrauch von etwa 1620 kWs wie oben.

b) Bei der Fahrt mit 29 Kohlenwagen in Richtung Feld auf der Schachtanlage 4 ergibt das errechnete Diagramm einen elektrischen Arbeitsverbrauch von 4200 kWs auf der bis zum Abschaltpunkt 503 m betragenden Strecke. Die Kennlinie des spezifischen Arbeitsverbrauchs für die 5. Fahrstufe (hierfür gültig $A_{spez.}$ nach Abb. D 4/8c) ergibt für $Z_B = 575$ kg (nach Abb. 49) einen spezifischen Arbeitsverbrauch von $A_{spez.} = 7{,}8 \frac{kWs}{m}$. Damit berechnet sich die elektrische Arbeit zu $A_{El} = 7{,}8 \frac{kWs}{m} \cdot 503 \text{ m} = 3930$ kWs. Mit dem Zuschlag von 10% ergibt sich dann ein Energieverbrauch von etwa 4320 kWs, wogegen die Berechnung über das vereinfachte Fahrdiagramm 4200 kWs erbrachte.

D. Zusammenstellung der aufgenommenen Lokomotiv-Kennlinien

Dieser Abschnitt bringt die Zusammenstellung der Kennlinienbilder, die an 10 mehr oder weniger verschiedenen Akkulokomotivtypen aufgenommen wurden. Jede Lokomotive ist gekennzeichnet durch Angaben und Diagrammdarstellungen auf 4 Blättern:

Forschungsberichte des Wirtschafts- und Verkehrsministeriums Nordrhein-Westfalen

Das 1. Blatt gibt jeweils die wichtigsten Kenndaten der Lokomotive an.

Diagrammblatt a) enthält die Linienzüge $v = f(Z)$ und $N_{El} = f(Z)$ als grundlegende Kennlinien, sowie eine Prinzipangabe der Batterie- und Motorenschaltungen,

Diagrammblatt b) Kurven wie bei a) und außerdem die Linienzüge $N_m = f(Z)$ und $\eta = f(Z)$,

Diagrammblatt c) die Kurven $A_{spez.} = f(Z)$, mit den spezifischen Arbeitseinheiten $\frac{kWs}{m}$, außerdem die spezifische Kapazitätsentnahme in der Einheit $10^{-3} \frac{Ah}{m}$.

Die Anwendung und Handhabung der Diagrammblätter als Lokomotivkennlinien ist in den vorhergehenden Kapiteln wiederholt dargetan worden. Im übrigen werden die einzelnen so dargestellten Maschinen durch nachstehende Bemerkungen noch näher erläutert:

Lok 1/1 weist die bei dieser Lokomotivgröße übliche Schaltung mit einer Feldschwächstufe auf. Man sieht aus dem Verlauf der v_3 - Kurve, daß sie sich bei höheren Zugkräften vermutlich noch im Kennlinienfeld mit der v_2-Kennlinie schneiden wird. Wirkungsgradmäßig liegt die 2. Fahrstufe mit ungeschwächtem Feld über der 3. Fahrstufe mit geschwächtem Feld.

Lok 1/2 besteht aus 2 Lokomotiven ähnlich Lok 1/1 (jedoch mit einem größeren Achstand), die mechanisch und elektrisch gekuppelt sind und grundsätzlich als Doppellok laufen. Wie das Prinzipbild der Schaltung zeigt, werden bezüglich der Batterieschaltung 3 Stufen unterschieden. Unter Verwendung von 2 unterteilten Batterien ist hier also von der Möglichkeit Gebrauch gemacht worden, die Batteriespannung durch entsprechende Schaltung nicht nur zu halbieren, wie dies üblich ist, sondern auch noch zu vierteln. Auch hier zeichnet sich das stärkere Absinken der Fahrstufen mit Feldschwächung (4. und 6.) bei hoher Belastung ab. Sie liegen auch bezüglich des Wirkungsgrades wieder unter denen der ungeschwächten Fahrstufen 3 und 5.

Lok 1/3 ist mechanisch wie elektrisch in jeder Beziehung mit Lok 1/1 gleichzusetzen mit Ausnahme der Tatsache, daß die Zahl der Fahrstufen auf 5 erhöht wurde. Die Fahrstufen 2, 3 und 4 der Lok 1/1 sind hier die Fahrstufen 3, 4 und 5, und als Fahrstufe 2 erscheint die 1. Fahrstufe mit 50% Feldschwächung. Auffallend bei diesen Kennlinien ist, daß sich hier die v-Kurven ohne und mit Feldschwächung 1 und 2 bzw. 3 und 4 noch im Kennlinienfeld schneiden. Diese Erscheinung hat zur Folge, daß z.B. beim Schalten von der 1. auf die 2. Fahrstufe bei einer Zugkraft von über 600 kg die Geschwindigkeit absinkt. Dies kann soweit gehen, daß die Lok bei einem Zugkraftbedarf von über 800 kg zwar auf der 1. Fahrstufe langsam anfährt, beim vorzeitigen Überschalten auf die 2. Fahrstufe aber stehen bleibt. Da die unteren Fahrstufen ohnehin nur zum Anfahren verwendet werden, dürfte dieser von der Norm abweichende Kennlinienverlauf aber keine nachteiligen Folgen haben.

Entsprechend dem stärkeren Absinken der Geschwindigkeit bei den Fahrstufen mit Feldschwächung liegen die Wirkungsgrade der Fahrstufen mit ungeschwächtem Feld wesentlich über denen mit geschwächtem Feld.

Lok 1/3a stellt eine Doppellokomotive dar, die durch 2 nur mechanisch gekuppelte Loks der Art 1/3 gebildet wird. Im Gegensatz zur Doppellok 1/2, bei der die beiden einzelnen Loks nach Aufhebung der elektrischen und mechanischen Kupplung nicht ohne weiteres einsatzfähig sind, sind diese beiden Loks nach Aufhebung der mechanischen Kupplung sofort getrennt fahrbereit. Es handelt sich hier also um 2 elektrisch vollkommen getrennt voneinander arbeitende Loks, die von jedem der beiden Fahrschalter aus gemeinsam geschaltet werden können.

Bei gleicher Geschwindigkeit und doppelter elektrischer bzw. mechanischer Leistung muß sich somit die doppelte Zugkraft gegenüber 1/3 ergeben.

Die Kennlinien dieser Lokomotive wurden in der Form aufgenommen, daß die Geschwindigkeit und die Zugkraft der gesamten Lokomotive, die Stromaufnahme aber nur an einer Lok gemessen wurde. Zur Berechnung der elektrischen Leistung wurde die so für eine einzelne Lok ermittelte elektrische Leistung verdoppelt in der Annahme, daß die nicht gemessene Lok etwa dieselben Stromwerte aufweisen wird. Tatsächlich ergaben sich auch Kennlinien, die mit denen der Lok 1/3 sehr genau übereinstimmen, so daß deren Kennlinien mit den entsprechend abgeänderten Ordinaten übernommen werden konnten.

Die Ordinaten- und Abszissenangaben der v, N_{El}, N_m, $\eta = f(Z)$-Kennlinien beziehen sich auf die Doppellok. Bei den Kennlinien des spezifischen Arbeitsverbrauchs gelten die Arbeits- und Zugkraftangaben für die Doppellok, die Angaben der entnommenen Amperestunden jedoch beziehen sich nur auf eine Batterie.

Lok 2/4 ist eine der Lok 1/1 elektrisch und mechanisch gleichwertige Lok, doch zeigt sie im Kennlinienfeld qualitative und quantitative Abweichungen von dieser. Besonders fällt auf, daß die Kurven v_2 und v_3 sich wesentlich weniger nähern als bei Lok 1/1.

Lok 3/5 ist die typische Vertreterin einer kleinen Abbaulok. Sie besitzt nur 3 Schaltstufen und hat demzufolge keine Fahrstufe mit Feldschwächung. Hervorzuheben ist der noch verhältnismäßig hohe Wirkungsgrad von max. 72 %.

Lok 3/6 ist in Abweichung von allen übrigen untersuchten Loktypen, die mit Tatzlagermotoren ausgerüstet sind, mit schlagwettergeschützten Hauptstrommotoren in Bauform B 5 ausgerüstet. Die Kraftübertragung auf die Lokachsen erfolgt durch Kette. Die Lokomotive hat 2 Batterien, die jedoch lediglich zur Erhöhung der Kapazität parallel geschaltet sind und nicht, wie bei Lok 1/2, zum Vierteln der Batteriespannung dienen.

Der verhältnismäßig niedrige Wirkungsgrad - der einzige, der bei der höchsten Fahrstufe unter 70% liegt - erklärt sich wahrscheinlich aus der durch die hohe Motordrehzahl bestimmten Übersetzung von 27,8 : 1 durch Getriebe und Kettenradantrieb.

Lok 3/7 ist mit 9 Fahrstufen ausgerüstet, von denen jedoch nur die 3.,6. und 9. Fahrstufe als Dauerfahrstufe ausgelegt sind. Daher beschränkte sich auch die Untersuchung nur auf diese Fahrstufen. Leider konnte die Lok nicht bei hohen Belastungen ausgefahren werden, so daß die Kennlinien insofern unvollständig sind. Die in den $A_{spez} = f(Z)$ - Kurven bei höherer Belastung zu erwartenden Verbrauchswerte sind gestrichelt gezeichnet.

Lok 4/8 ist die einzige untersuchte Lok, die ausser Feldschwächstufen auch noch Widerstandstufen aufweist. Die Schaltung geht aus der Prinzipdarstellung hervor. Da in den Widerständen lediglich Leistung vernichtet wird, ergibt sich für die 3. bzw. 6. Fahrstufe trotz geringerer mechanischer Leistung dieselbe Kennlinie der elektrischen Leistung wie für die 4. und 7. Fahrstufe mit ihrer höheren mechanischen Leistung. Demzufolge liegt auch der Wirkungsgrad der 3. und 6. Stufe wesentlich unter dem der entsprechenden 4. und 7. Fahrstufe.

Forschungsberichte des Wirtschafts- und Verkehrsministeriums Nordrhein-Westfalen

1/1

Schachtanlage: 1   Lok Nr.: 1

Bauart: Einfach - Lok

Dienstgewicht: 5,5   t

Konstruktive Daten:

    Schienenspur: 515 mm   Achsstand: 700 mm

    Achszahl: 2   Achslager: Zylinderrollenlager

    Mittlerer Laufkranzdurchmesser: 430 mm

    Zahl der Führerstände: 1

Elektrische Daten :

    Stundenleistung der Lok: 14,7 kW

    Geschwindigkeit bei Stundenleistung: 1,87 m/s

    Stundenzugkraft am Radumfang: 765 kg

    Motorenzahl: 2   Batteriezahl: 1

    Fahrstufen: 4

Motordaten:

    Motorart: Tatzlager

    Stundenleistung: 7,34 kW   Motorspannung: 96 V

    Drehzahl bei Stdlstg.: 640 U/min. Übersetzung: 7,73 : 1

Batteriedaten:

    Zellenzahl: 48   Mittlere Entladespannung: 93,5 V

    Zellentype: 7 Ky 380   Kapazität: 466 Ah

Bemerkungen:

1/1 a

Fahrstufe	2 Battr.-Hälften	2 Motoren	% Feld
1	//	--	100
2	--	--	100
3	--	--	50
4	--	//	100

1/1 b

Fahrstufe	2 Battr.-Hälften	2 Motoren	% Feld
1	//	--	100
2	--	--	100
3	--	--	50
4	--	//	100

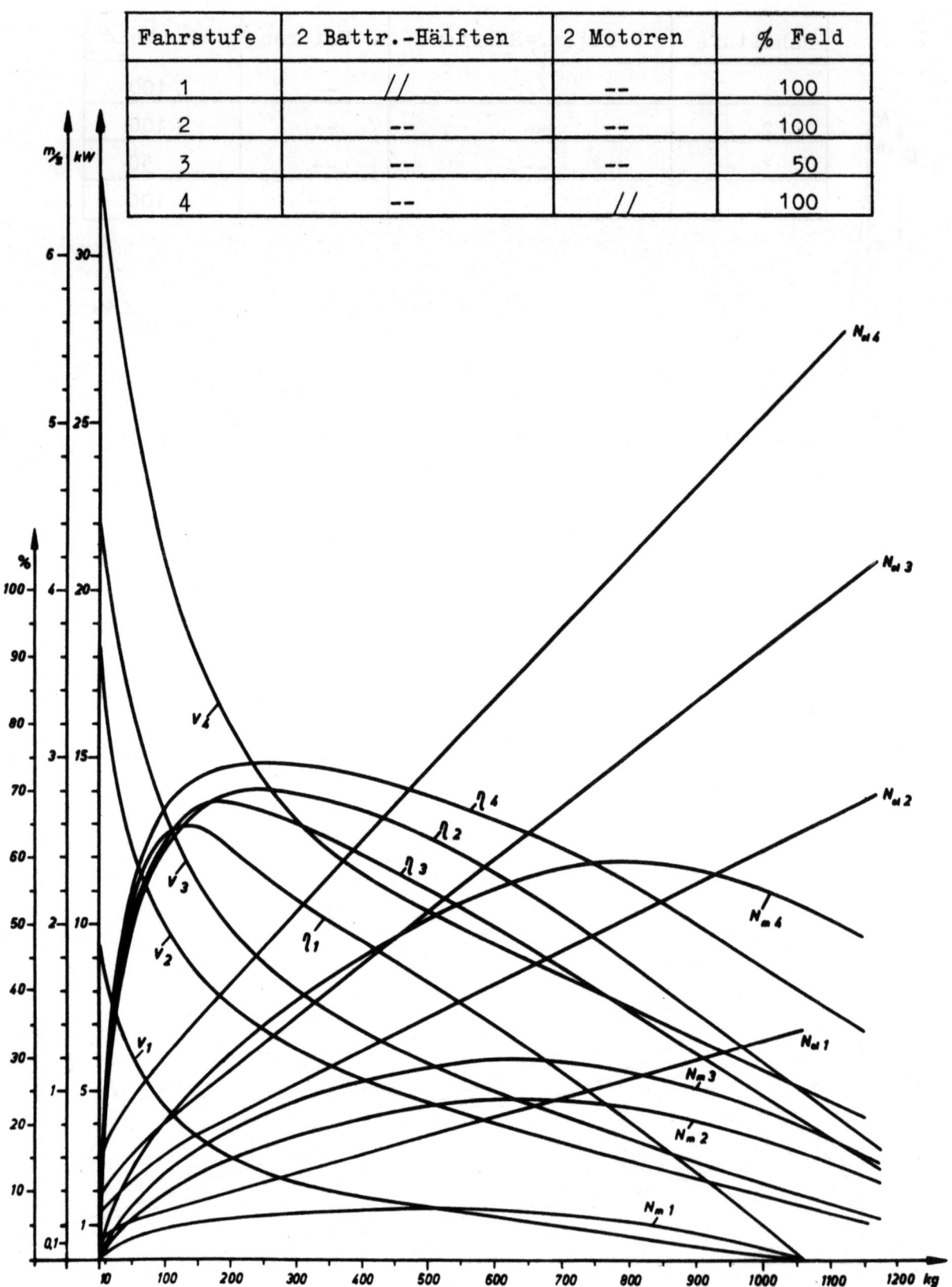

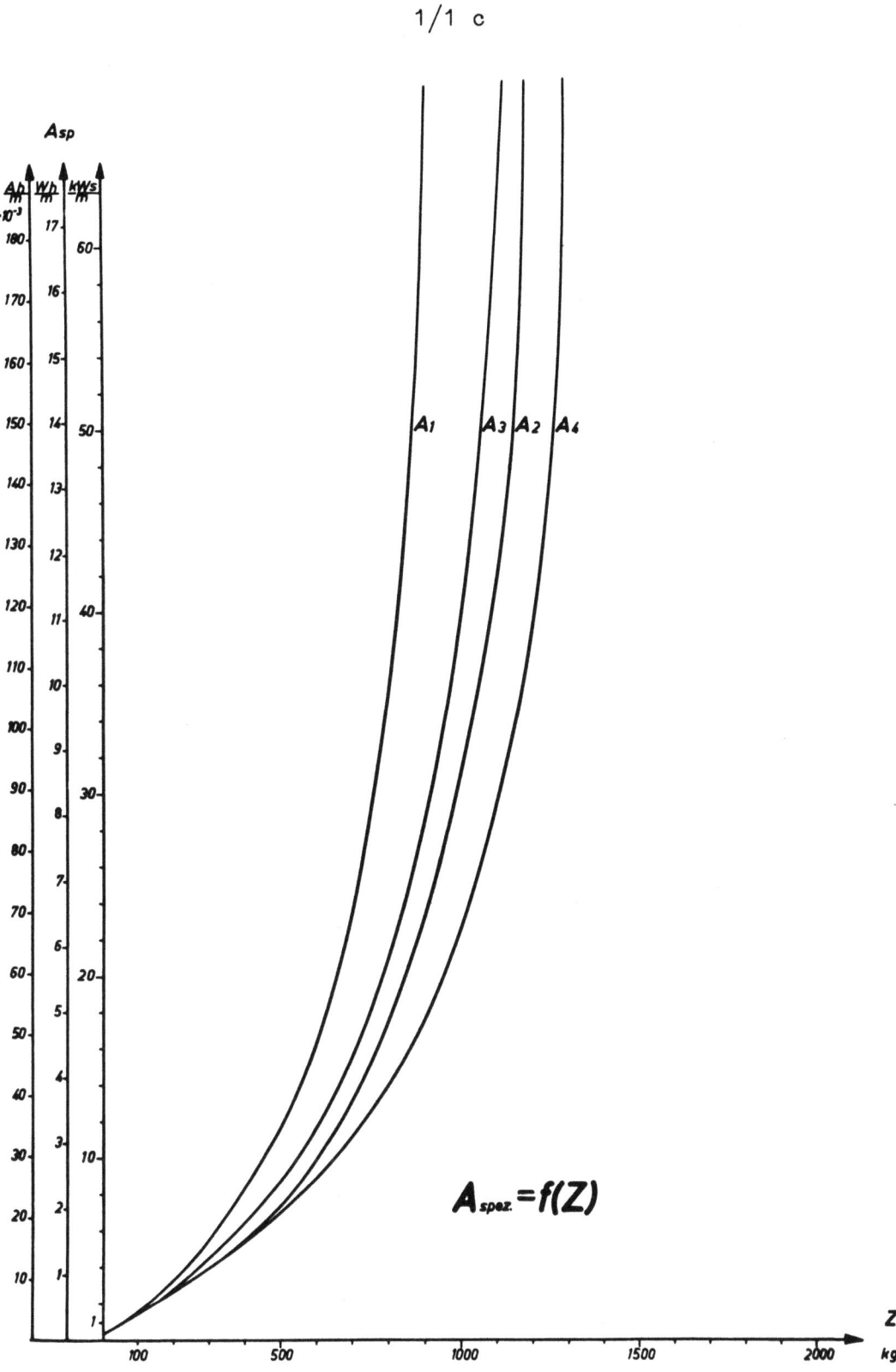

Seite 105

Forschungsberichte des Wirtschafts- und Verkehrsministeriums Nordrhein-Westfalen

1/2

Schachtanlage: 1   Lok Nr.: 2

Bauart: Doppel - Lok, elektrisch gekuppelt

Dienstgewicht: 11 t

Konstruktive Daten:

    Schienenspur: 515 mm   Achsstand: 1000 mm
    Achszahl: 4   Achslager: Zylinderrollenlager
    Mittlerer Laufkranzdurchmesser: 430 mm
    Zahl der Führerstände: 2

Elektrische Daten:

    Stundenleistung der Lok: 29,4 kW
    Geschwindigkeit bei Stundenleistung: 1,87 m/s
    Stundenzugkraft am Radumfang: 1500 kg
    Motorenzahl: 4   Batteriezahl: 2
    Fahrstufen: 7

Motordaten:

    Motorart: Tatzlager
    Stundenleistung: 7,35 kW   Motorspannung: 96 V
    Drehzahl bei Stdlstg.: 640 U/min. Übersetzung: 7,73 : 1

Batteriedaten:

    Zellenzahl: 48   Mittlere Entladespannung: 93,5 V
    Zellentype: 7 Ky 380   Kapazität: 466 Ah

Bemerkungen:

1/2 a

Fahrstufe	4 Battr.-Hälften		4 Motoren		% Feld
1	//	//	--	--	100
2	//	//	--	--	50
3	--	//	--	--	100
4	--	//	--	--	50
5	--	--	--	--	100
6	--	--	--	--	50
7	--	--	--	//	100

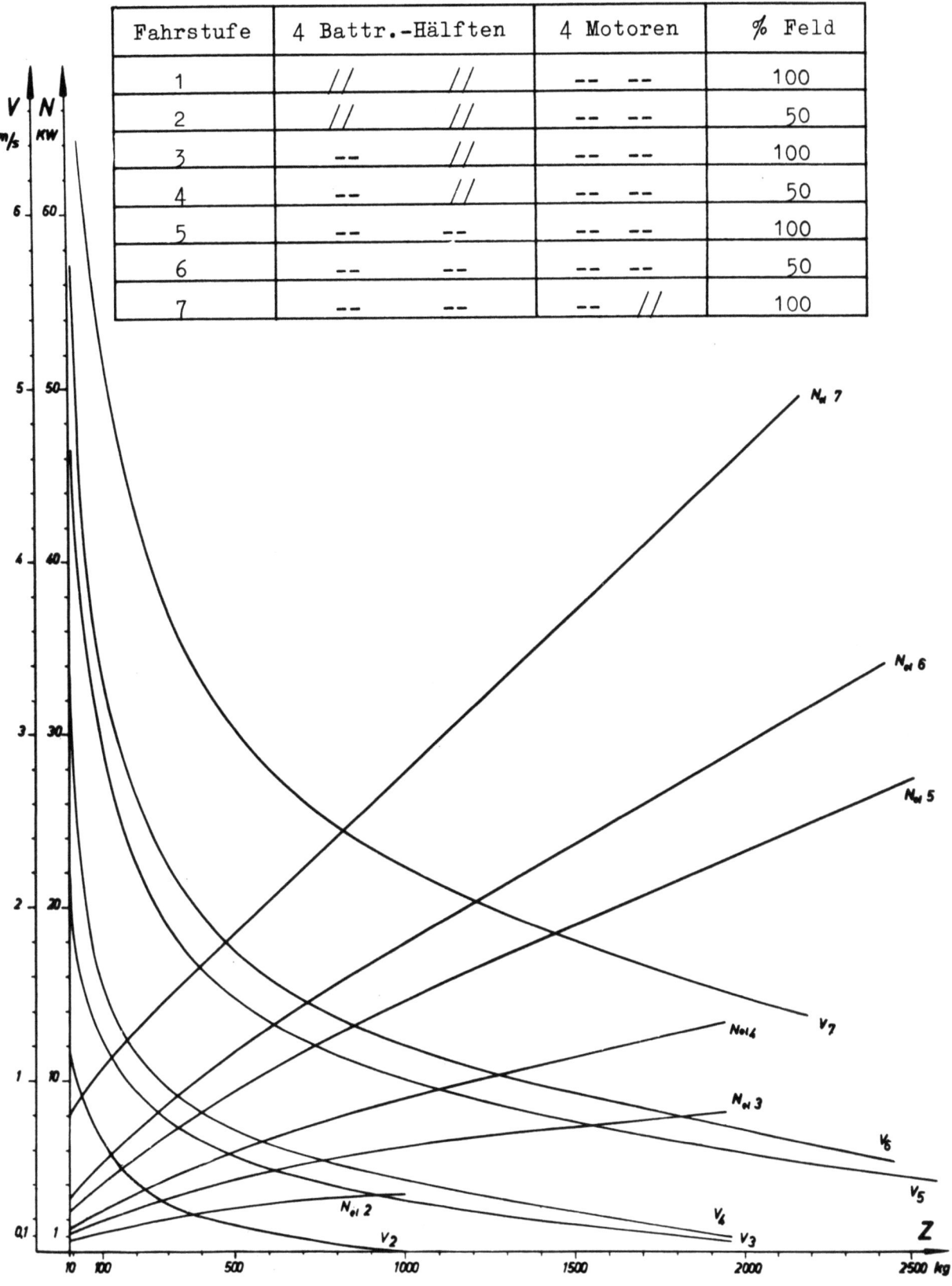

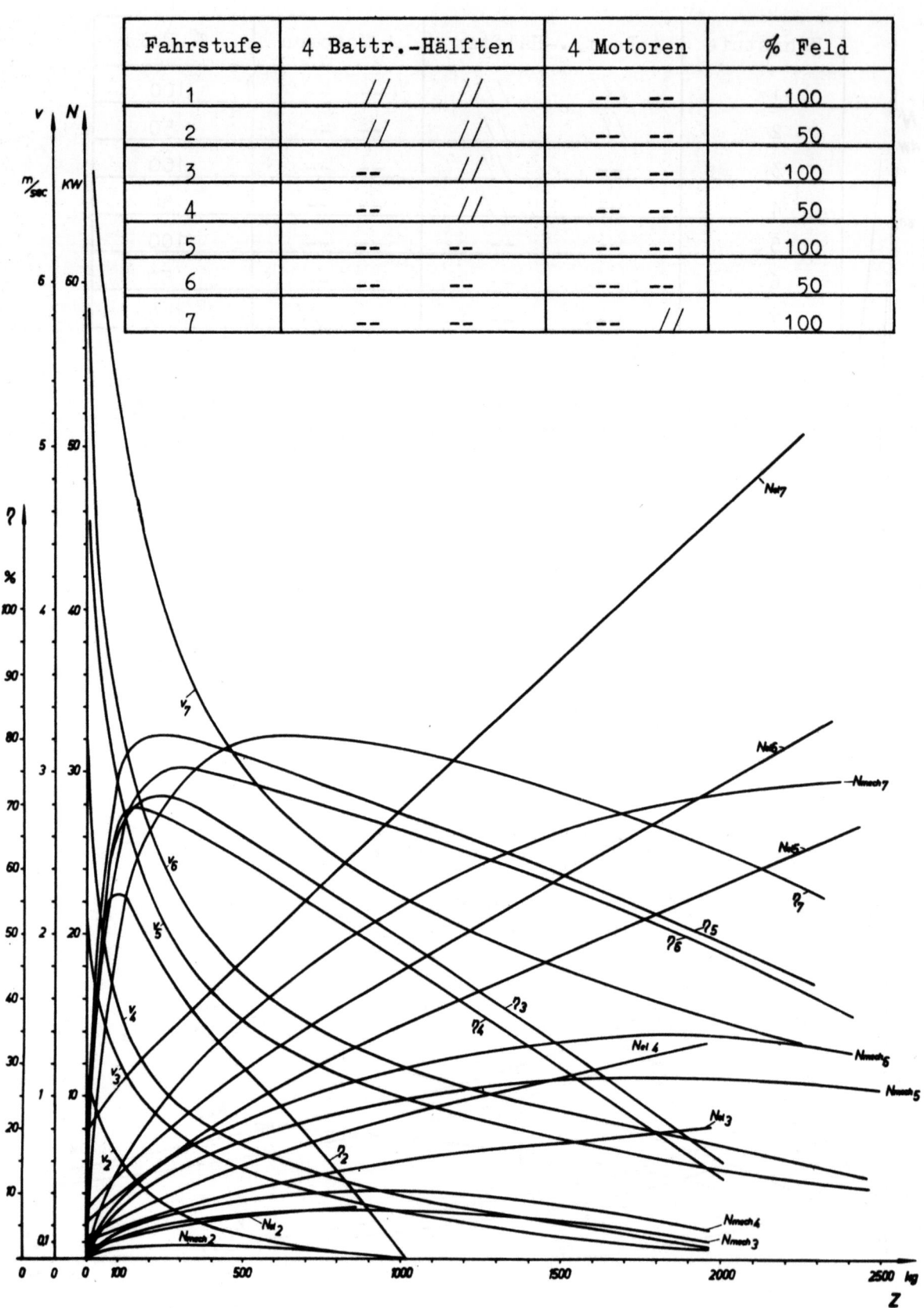

1/2 c

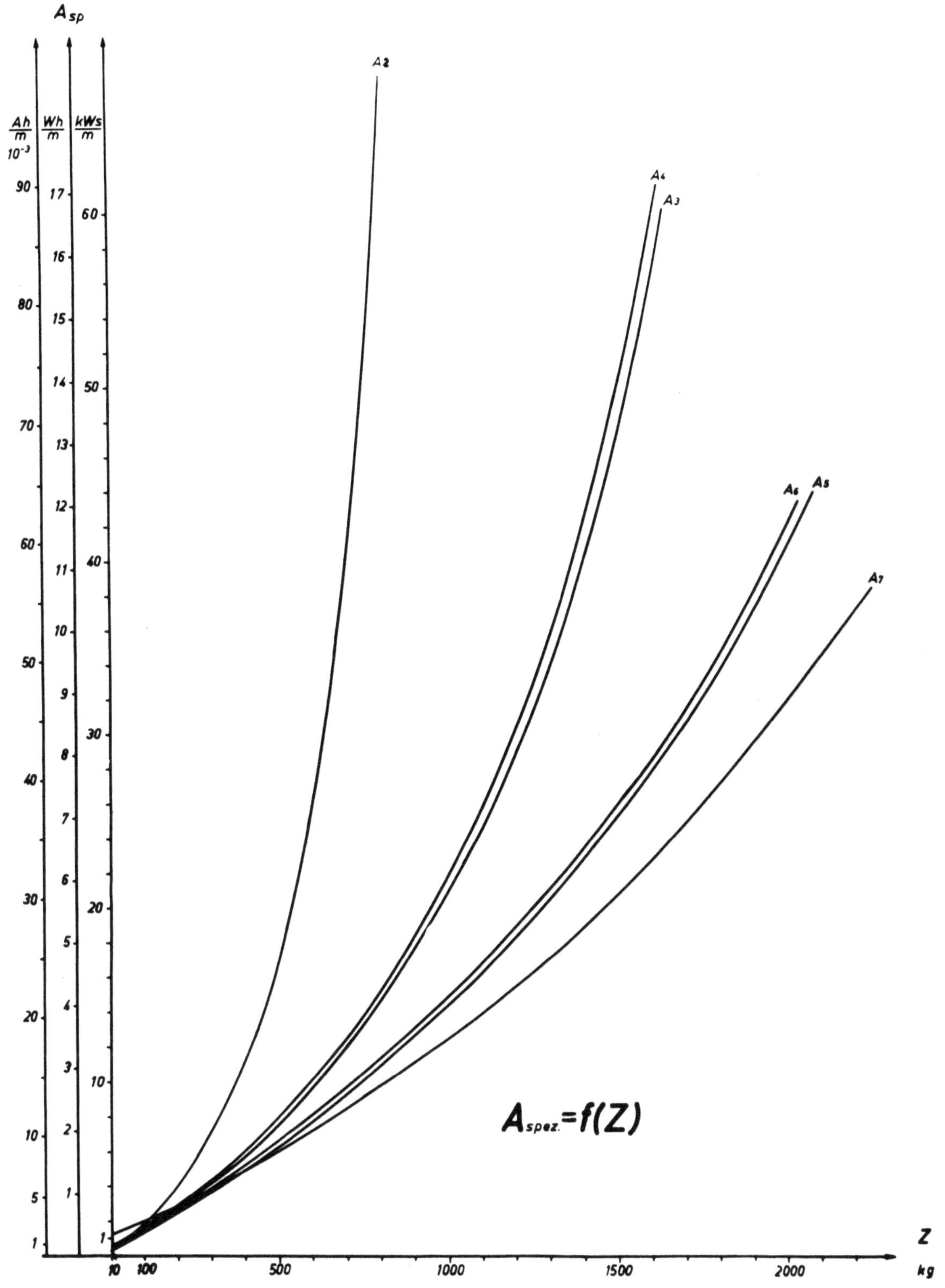

$A_{spez.} = f(Z)$

1/3

Schachtanlage: 1   Lok Nr.: 3

Bauart: Einfach - Lok

Dienstgewicht: 5,5 t

Konstruktive Daten:

    Schienenspur: 515 mm   Achsstand: 700 mm
    Achszahl: 2   Achslager: Pendelrollenlager
    Mittlerer Laufkranzdurchmesser: 430 mm
    Zahl der Führerstände: 1

Elektrische Daten:

    Stundenleistung der Lok: 14,7 kW
    Geschwindigkeit bei Stundenleistung: 1,87 m/s
    Stundenzugkraft am Radumfang: 765 kg
    Motorenzahl: 2   Batteriezahl: 2
    Fahrstufen: 5

Motordaten:

    Motorart: Tatzlager
    Stundenleistung: 7,35 kW   Motorspannung: 96 V
    Drehzahl bei Stdlstg.: 640 U/min.   Übersetzung: 7,73 : 1

Batteriedaten:

    Zellenzahl: 48   Mittlere Entladespannung: 93,5 V
    Zellentype: 7 Ky 380   Kapazität: 466 Ah

Bemerkungen:

1/3 a

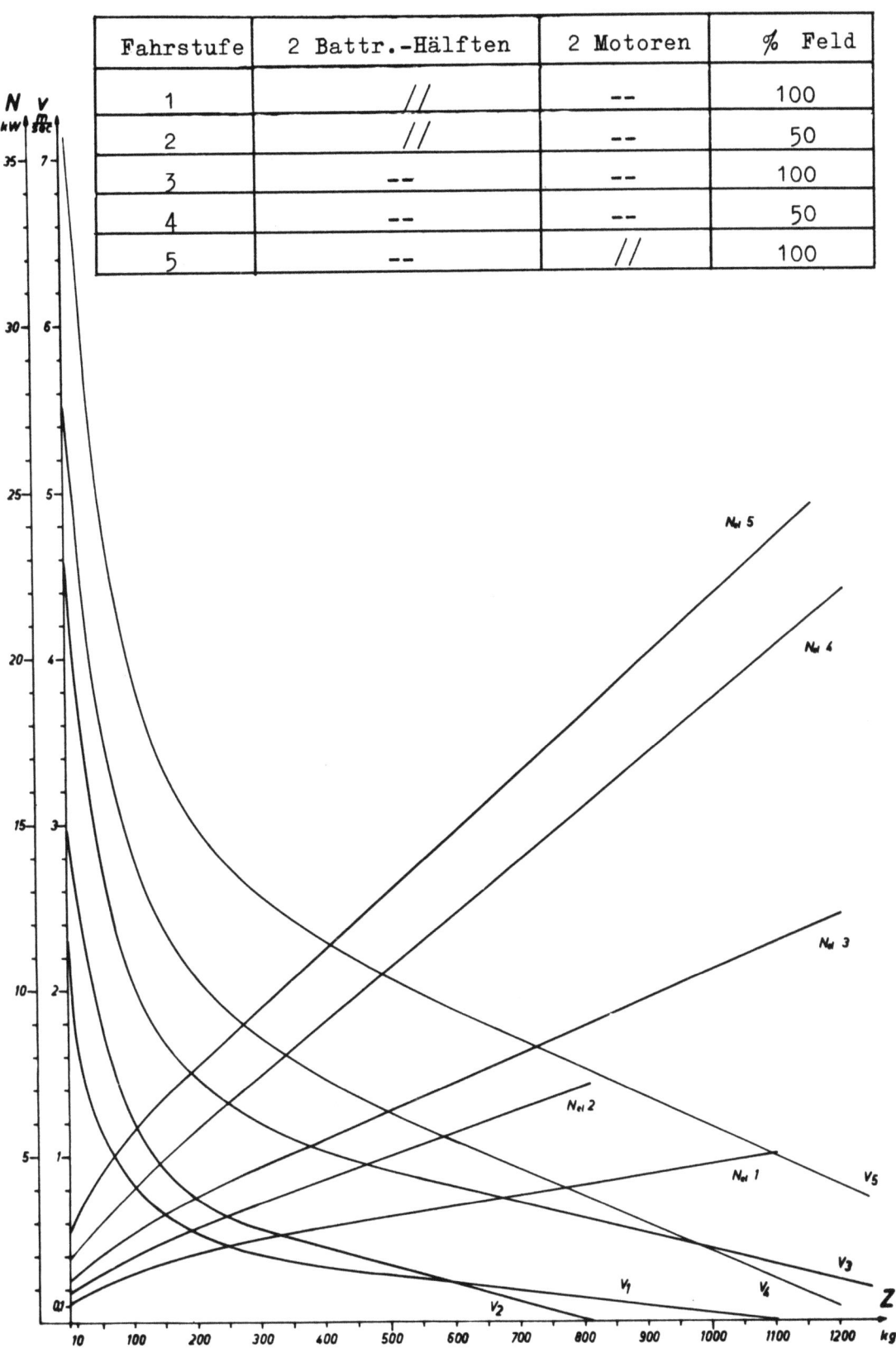

1/3 b

Fahrstufe	2 Battr.-Hälften	2 Motoren	% Feld
1	//	--	100
2	//	--	50
3	--	--	100
4	--	--	50
5	--	//	100

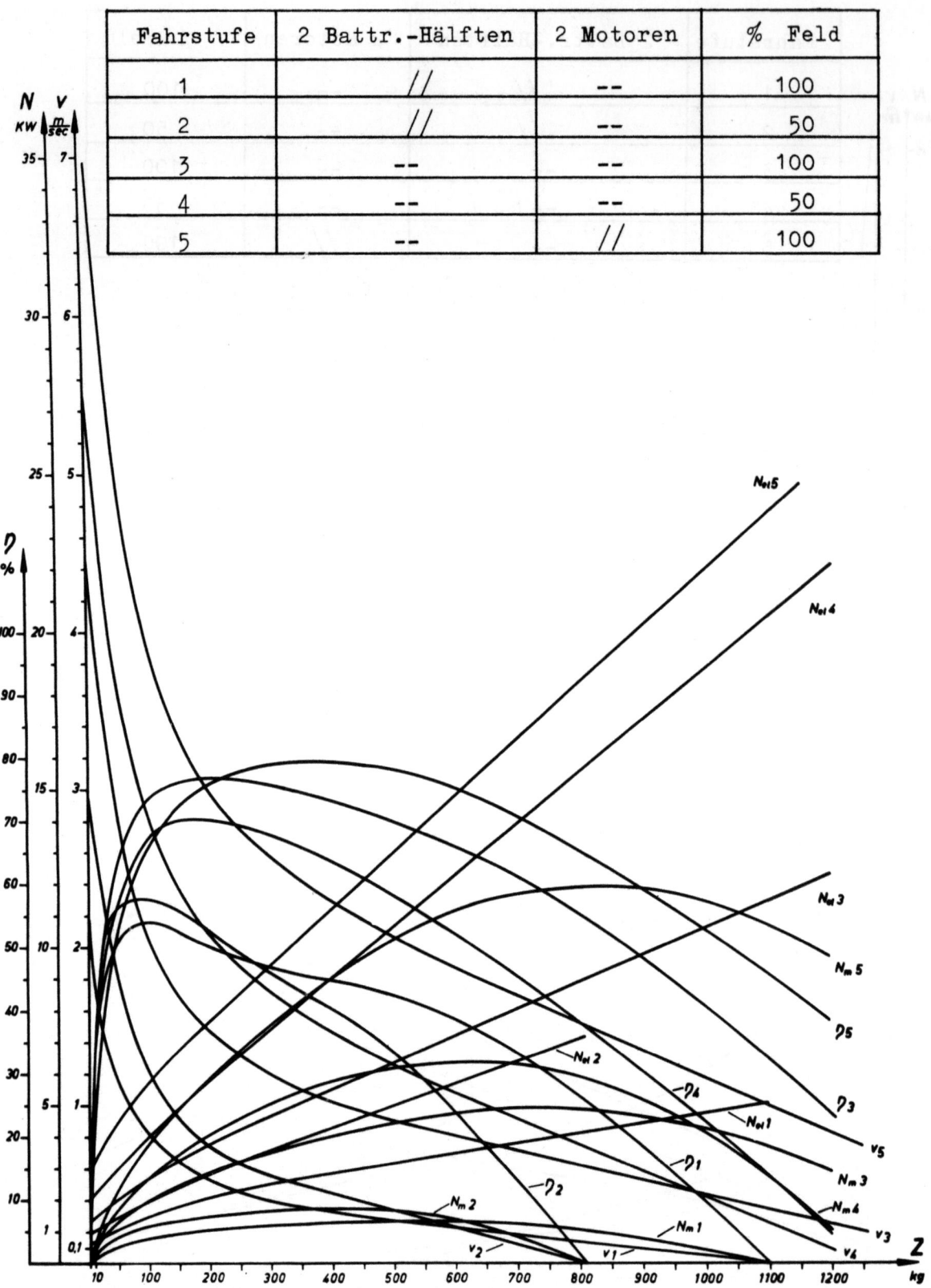

Seite 112

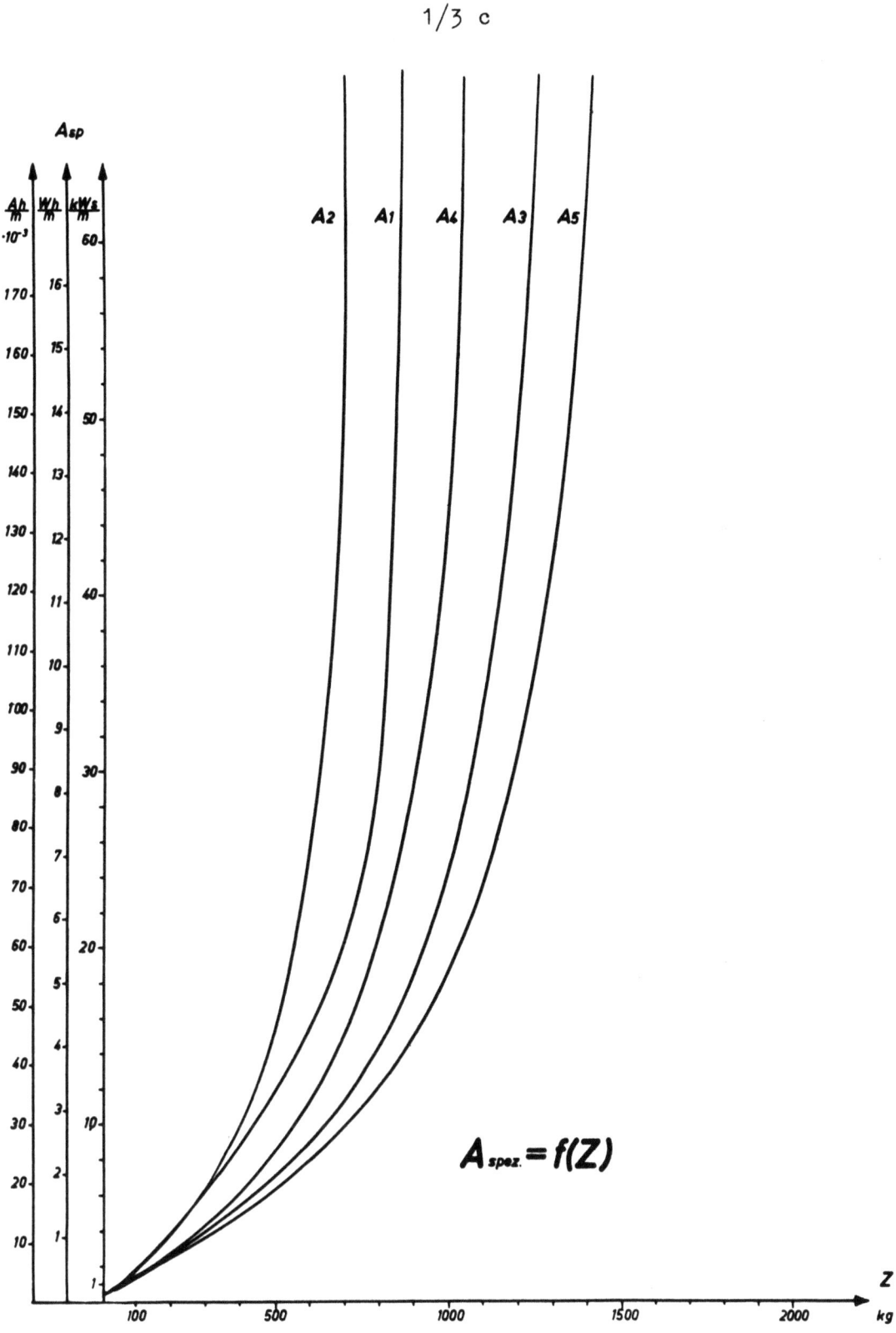

1/3 a

Schachtanlage : 1   Lok Nr.: 3a

Bauart: 2 Einfach-Loks wie 1/3, mechanisch gekuppelt zu 1 Doppel-Lok

Dienstgewicht: 2 x 5,5 t

Konstruktive Daten :

    Schienenspur: 515 mm   Achsstand: 700 mm.
    Achszahl: 2 x 2   Achslager: Pendelrollenlager
    Mittlerer Laufkranzdurchmesser: 430 mm
    Zahl der Führerstände: 2 x 1

Elektrische Daten :

    Stundenleistung der Lok: 29,4 kW
    Geschwindigkeit bei Stundenleistung: 1,87 m/s
    Stundenzugkraft am Radumfang: 1530 kg
    Motorenzahl: 2 x 2   Batteriezahl: 2 x 1
    Fahrstufen: 5

Motordaten :

    Motorart: Tatzlager
    Stundenleistung: 7,35 kW   Motorspannung: 96 V
    Drehzahl bei Stdlstg.: 640 U/min. Übersetzung: 7,73 : 1

Batteriedaten :

    Zellenzahl: 48   Mittlere Entladespannung: 93,5 V
    Zellentype: 7 Ky 380   Kapazität: 466 Ah

Bemerkungen:

1/3 aa

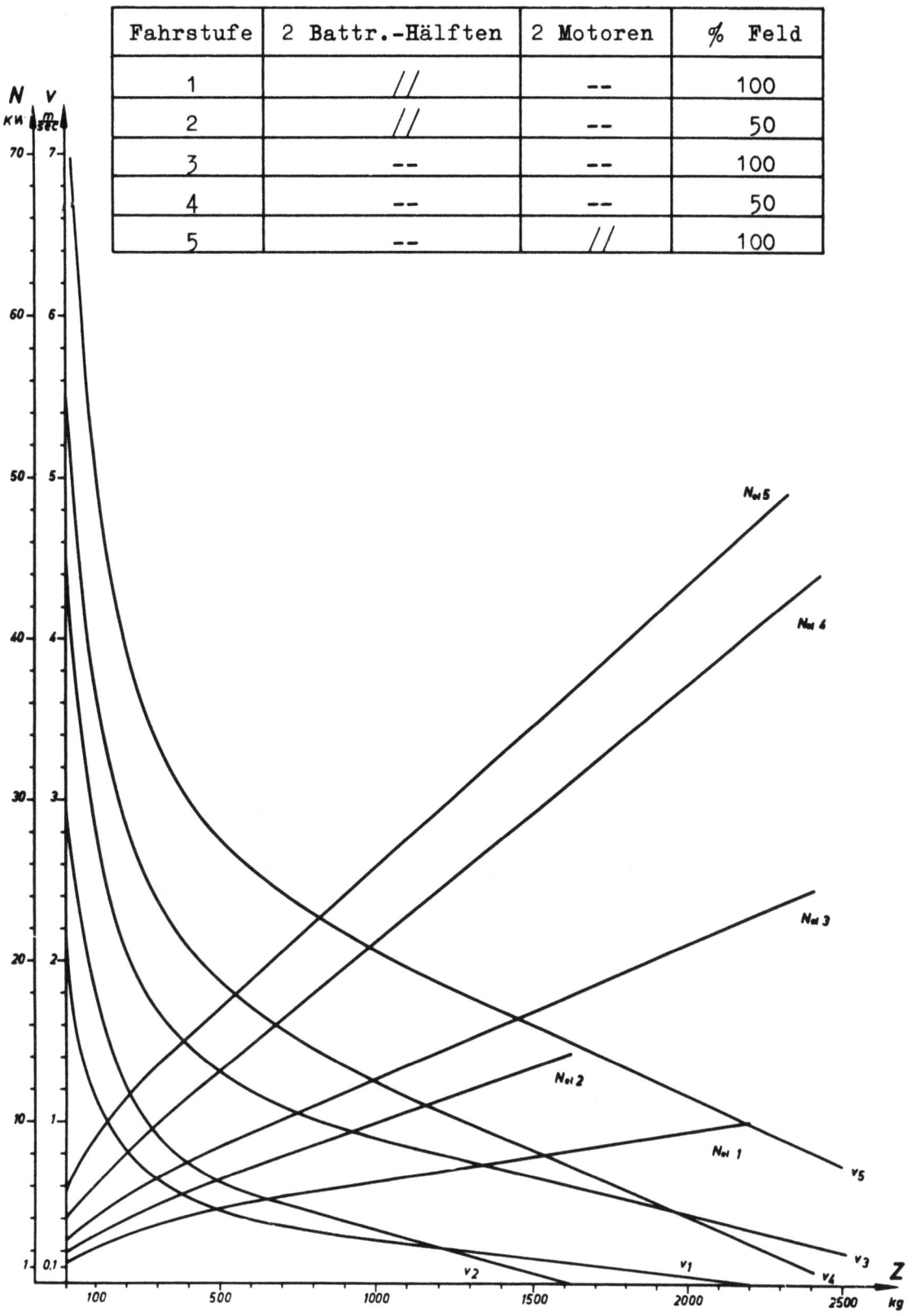

1/3 ab

Fahrstufe	2 Battr.-Hälften	2 Motoren	% Feld
1	//	--	100
2	//	--	50
3	--	--	100
4	--	--	50
5	--	//	100

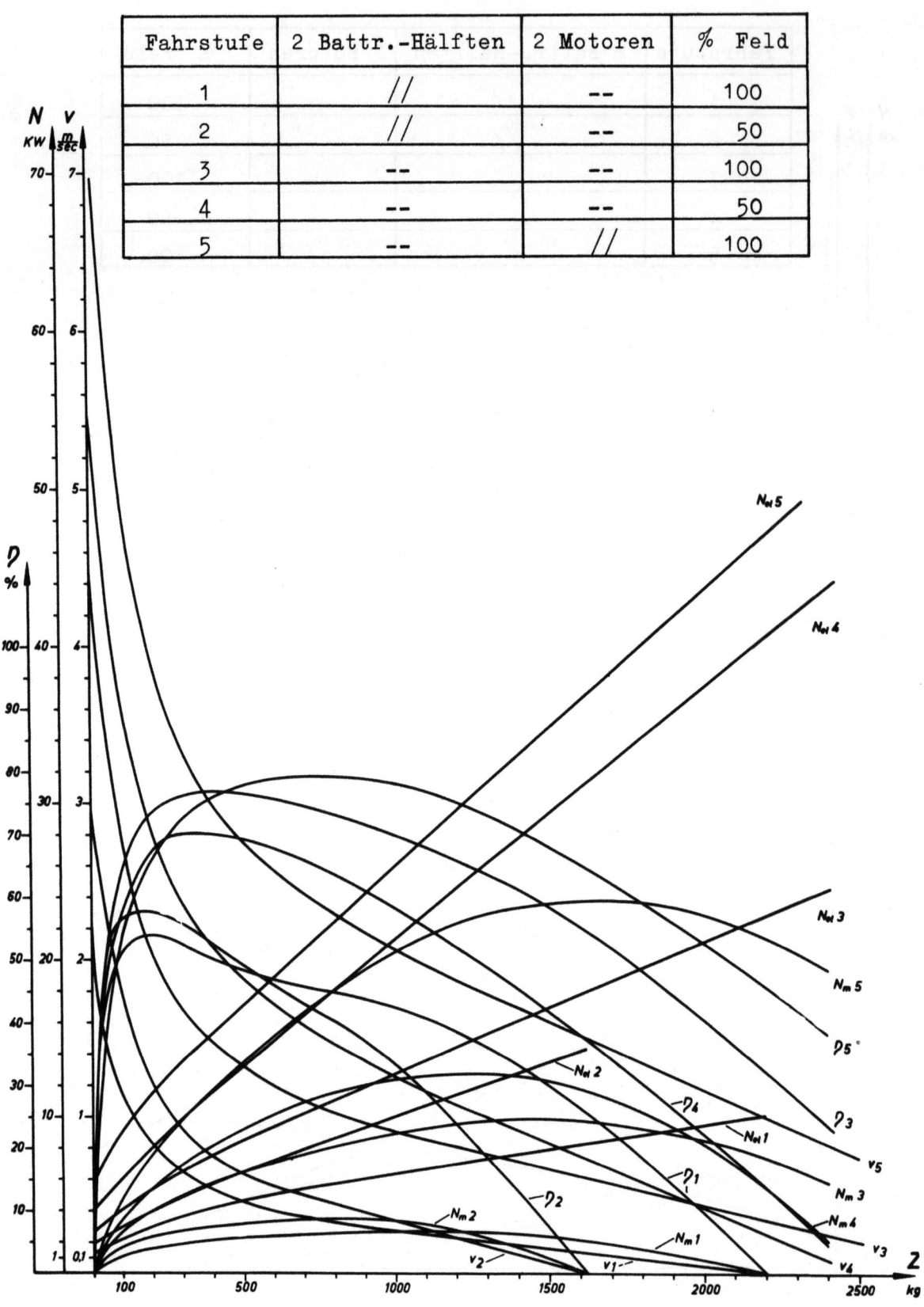

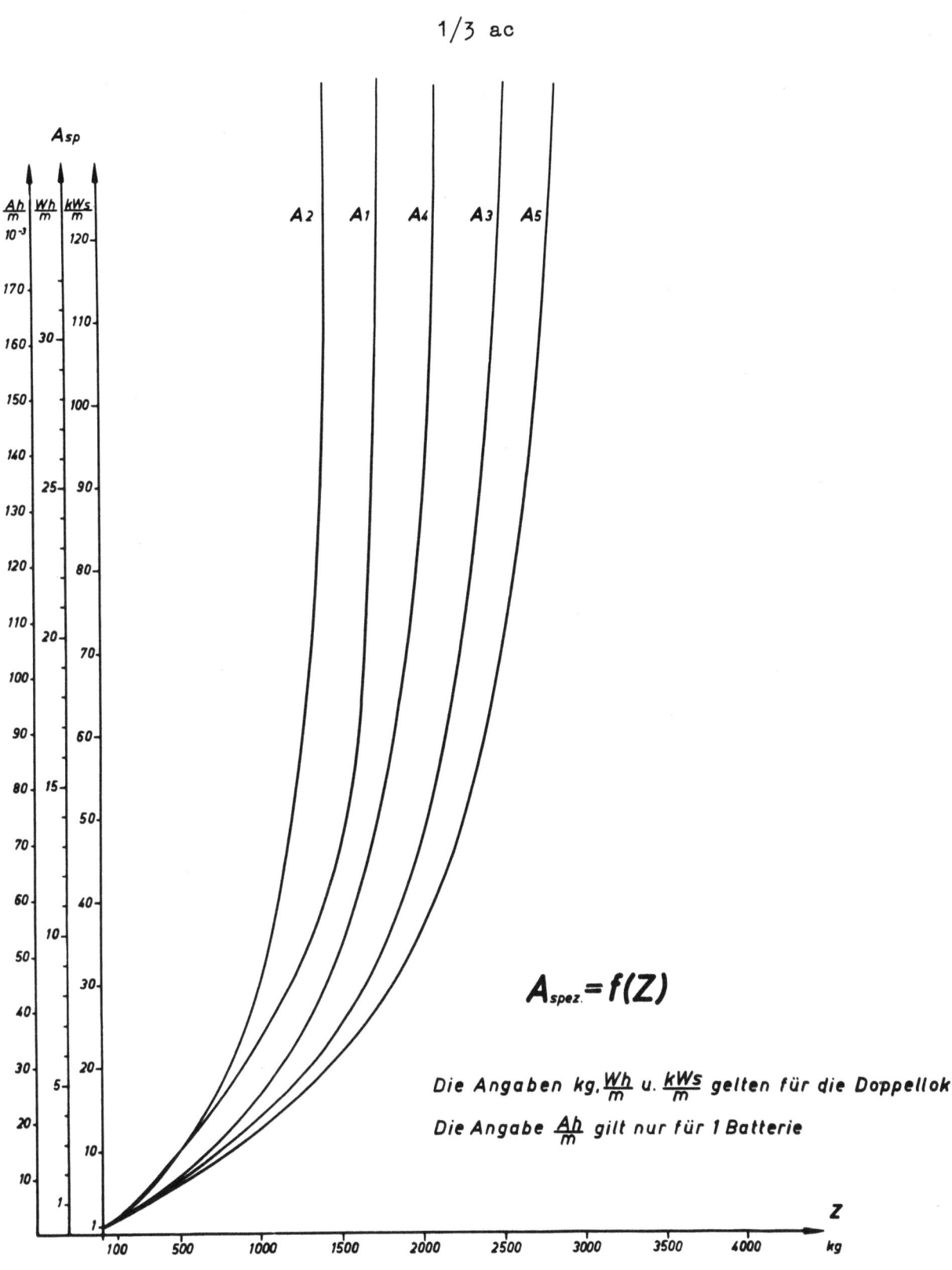

2/4

Schachtanlage: 2 Lok Nr.: 4

Bauart: Einfach Lok

Dienstgewicht: 5,5 t

Konstruktive Daten:

    Schienenspur: 600 mm Achsstand: 700 mm
    Achszahl: 2 Achslager: Zylinderrollenlager
    Mittlerer Laufkranzdurchmesser: 430 mm
    Zahl der Führerstände: 1

Elektrische Daten:

    Stundenleistung der Lok: 14,7 kW
    Geschwindigkeit bei Stundenleistung: 1,86 m/s
    Stundenzugkraft am Radumfang: 765 kg
    Motorenzahl: 2 Batteriezahl: 1
    Fahrstufen: 4

Motordaten:

    Motorart: Tatzlager
    Stundenleistung: 7,35 kW Motorspannung: 96 V
    Drehzahl bei Stdlstg.: 640 U/min. Übersetzung: 7,73 : 1

Batteriedaten:

    Zellenzahl: 48 Mittlere Entladespannung: 93,5 V
    Zellentype: 7 Ky 380 Kapazität: 466 Ah

Bemerkungen:

2/4 a

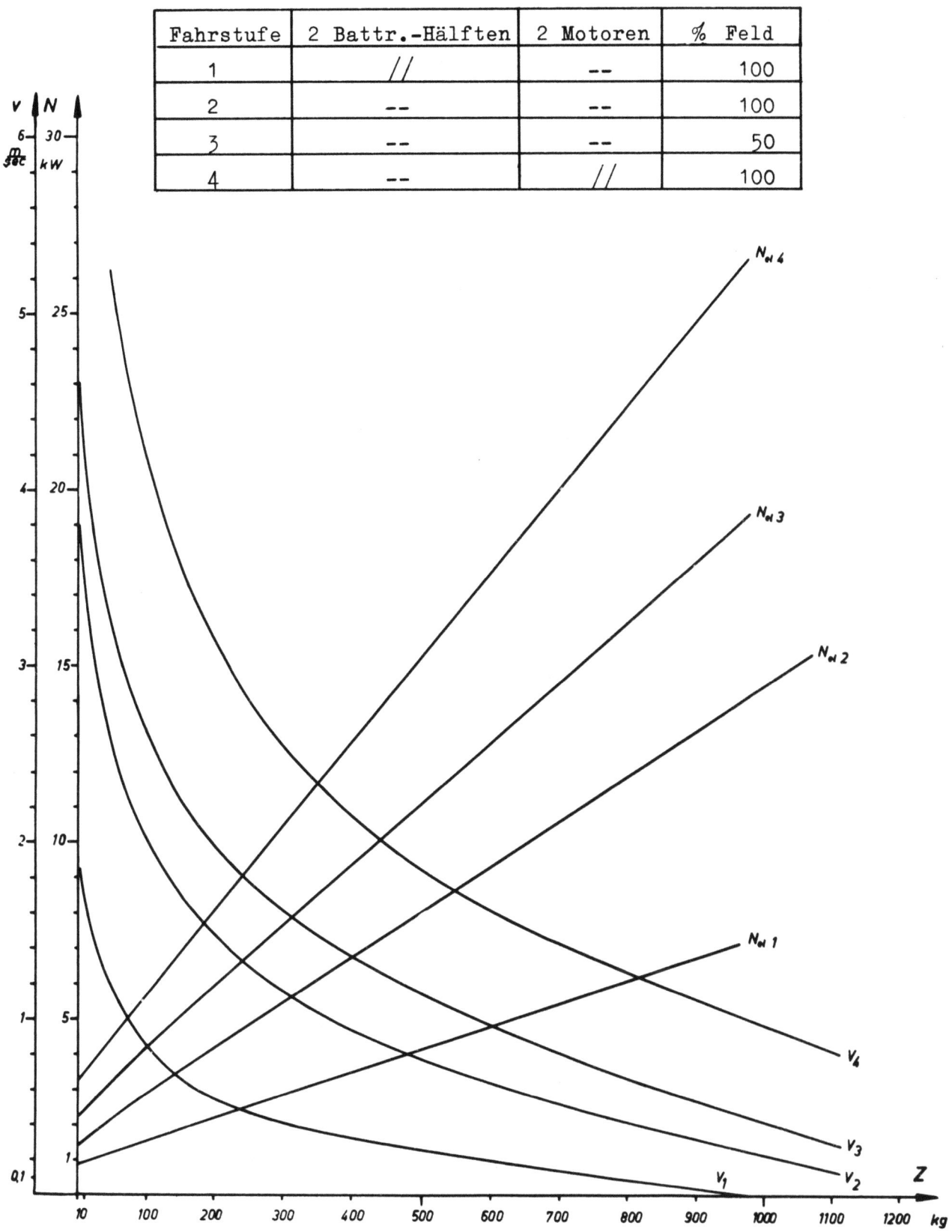

2/4 b

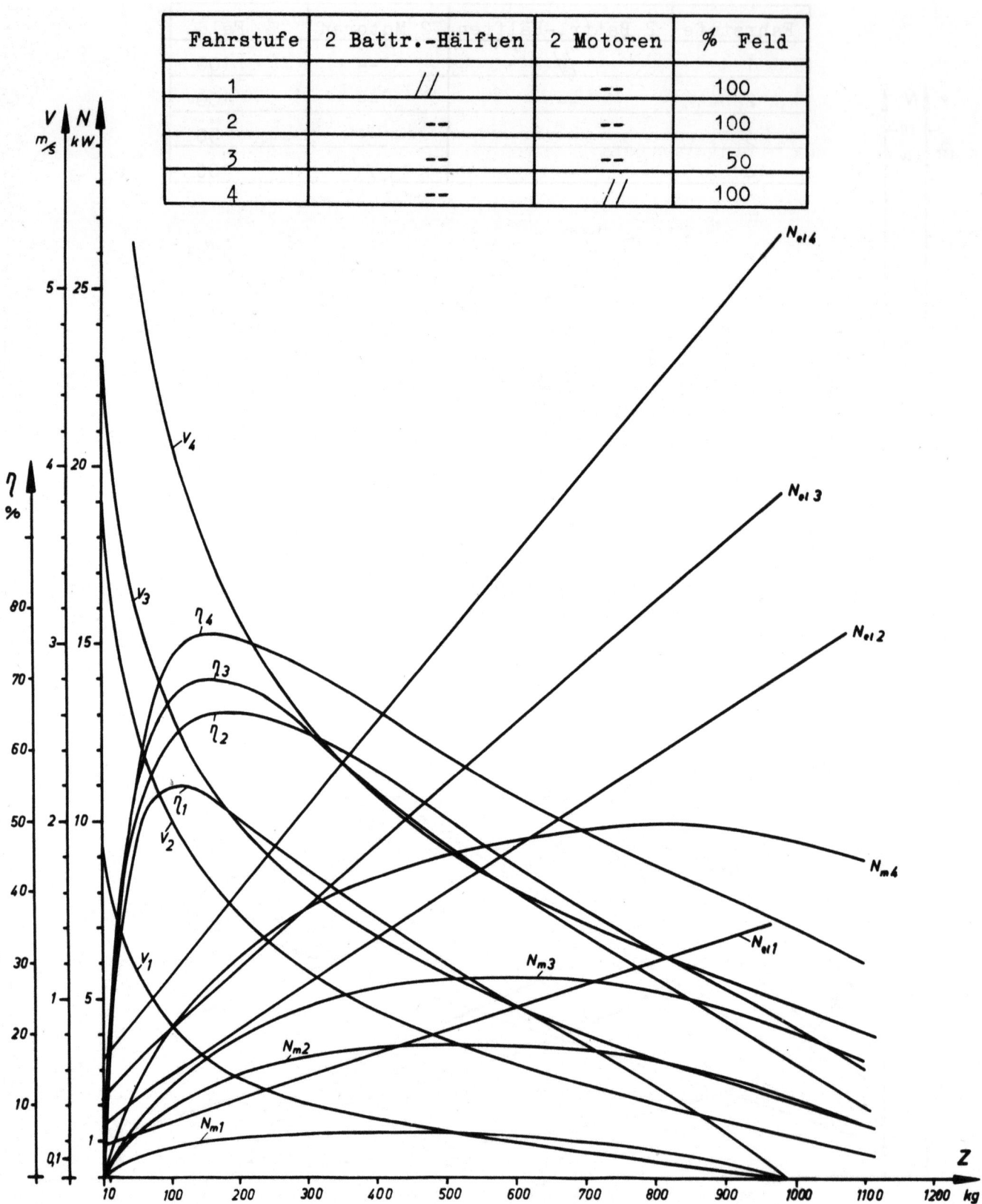

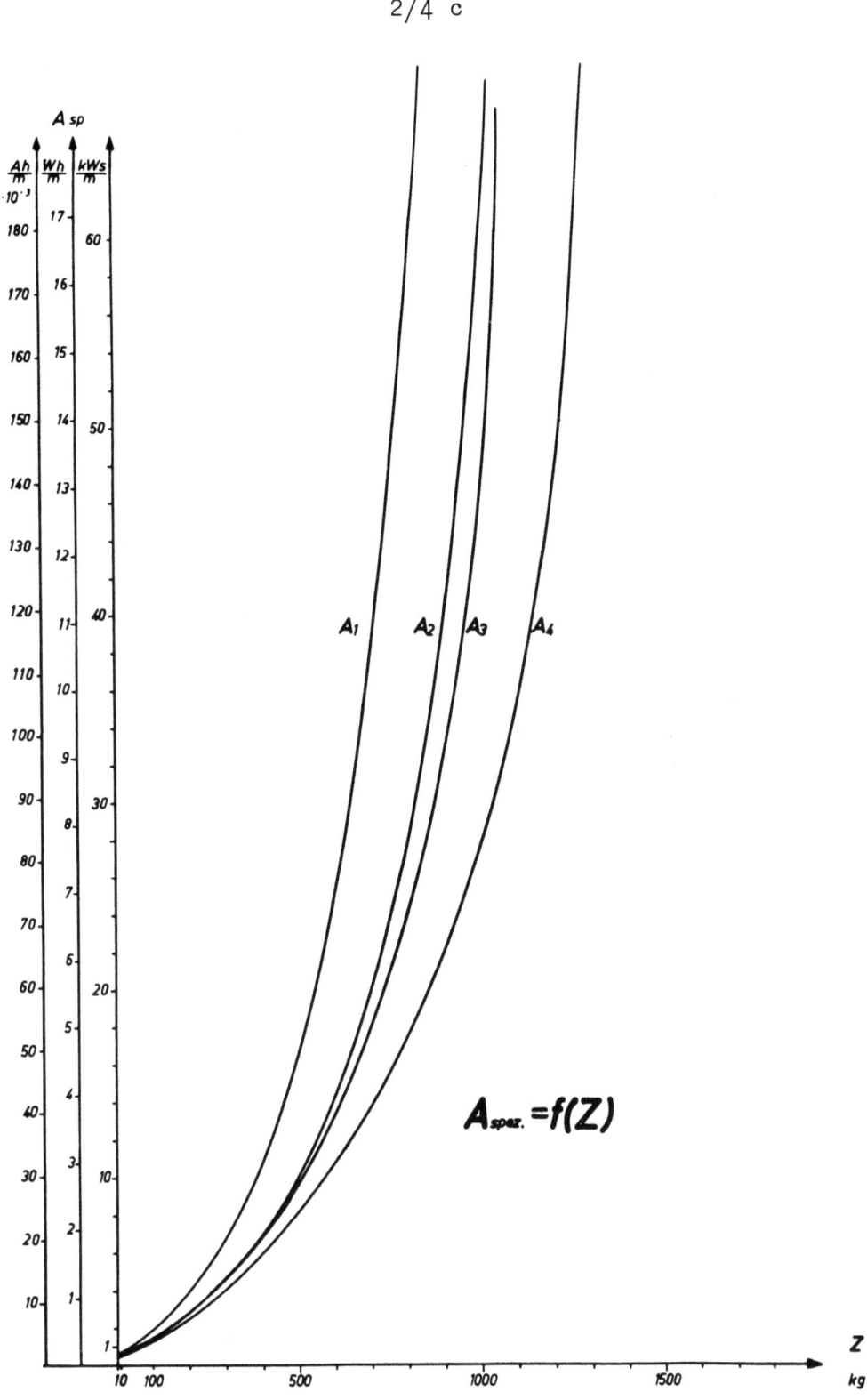

2/4 c

$A_{spez.} = f(Z)$

3/5

Schachtanlage: 3   Lok Nr.: 5

Bauart: Einfach - Lok

Dienstgewicht: 5,2 t

Konstruktive Daten:

    Schienenspur: 588 mm   Achsstand: 650 mm

    Achszahl: 2   Achslager: Rollenlager

    Mittlerer Laufkranzdurchmesser: 450 mm

    Zahl der Führerstände: 1

Elektrische Daten:

    Stundenleistung der Lok: 12,6 kW

    Geschwindigkeit bei Stundenleistung: 2,3 m/s

    Stundenzugkraft am Radumfang: 650 kg

    Motorenzahl: 2   Batteriezahl: 1

    Fahrstufen: 3

Motordaten:

    Motorart: Tatzlager

    Stundenleistung: 6,3 kW   Motorspannung: 84 V

    Drehzahl bei Stdlstg.: 645 U/min Übersetzung: 6,7 : 1

Batteriedaten:

    Zellenzahl: 42   Mittlere Entladespannung: 82 V

    Zellentype: 7 - 380   Kapazität: 466 Ah

Bemerkungen:

3/5 a

Fahrstufe	2 Battr.-Hälften	2 Motoren	% Feld
1	//	--	100
2	--	--	100
3	--	//	100

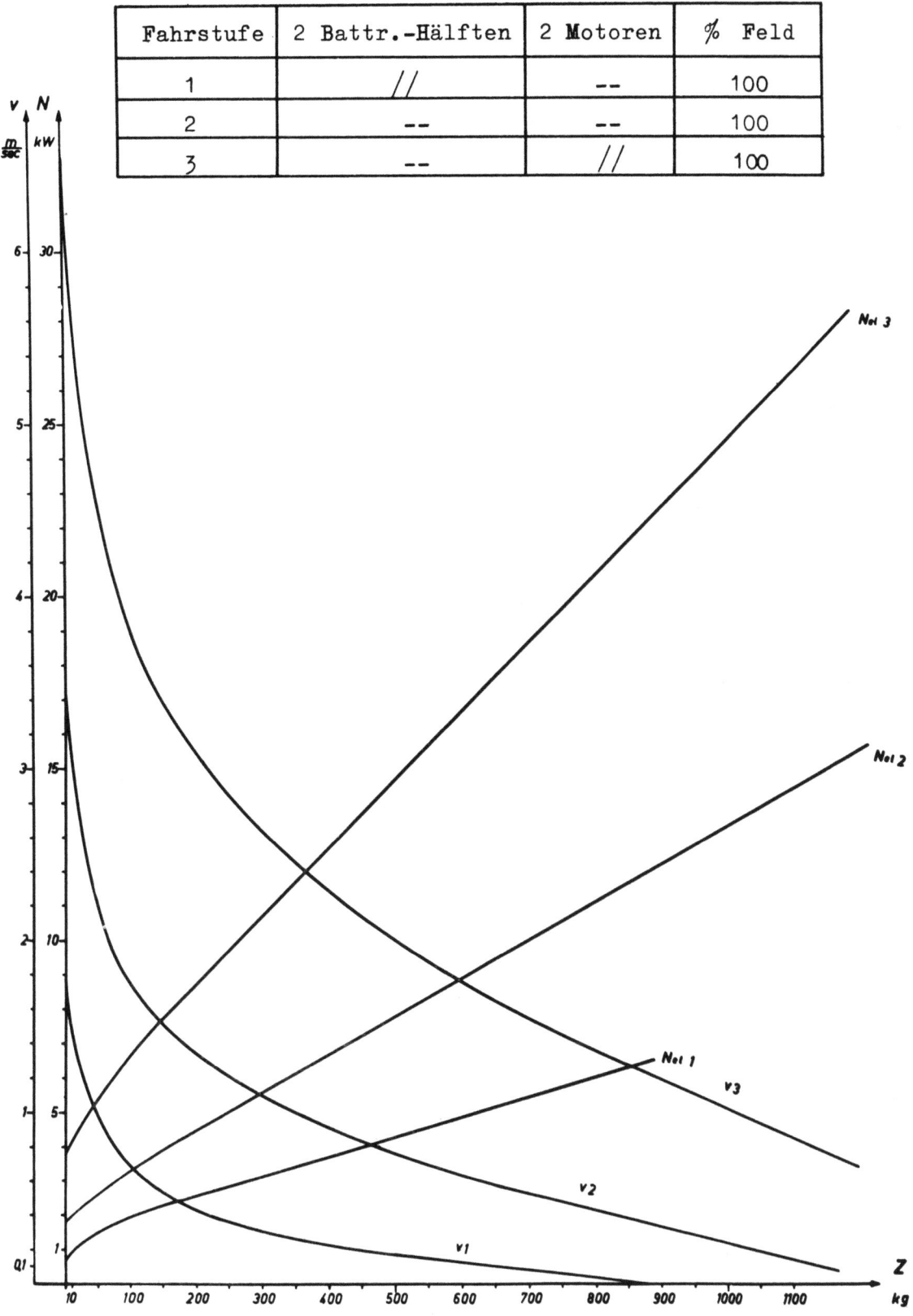

3/5 b

Fahrstufe	2 Battr.-Hälfte	2 Motoren	% Feld
1	//	--	100
2	--	--	100
3	--	//	100

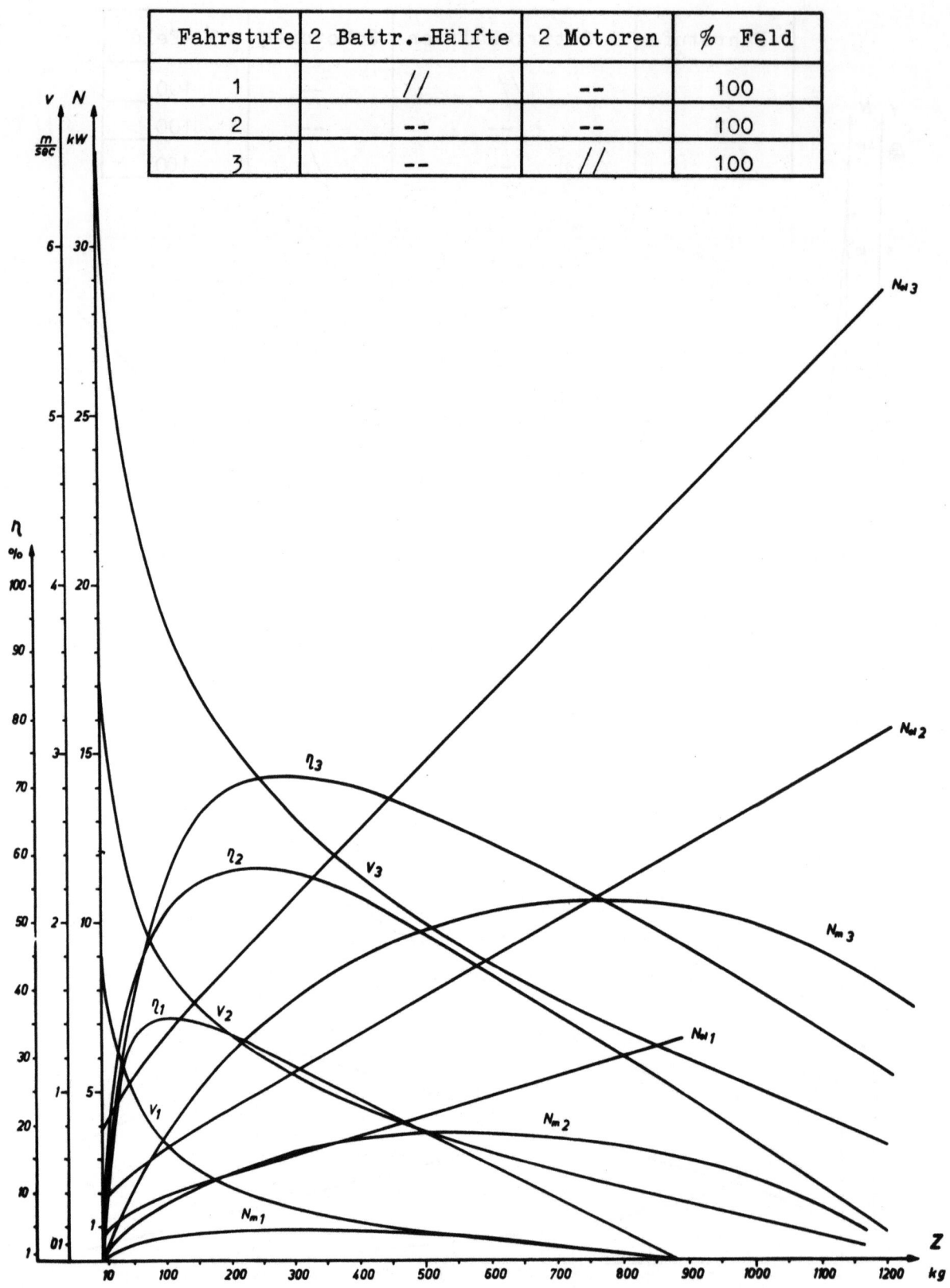

3/5 c

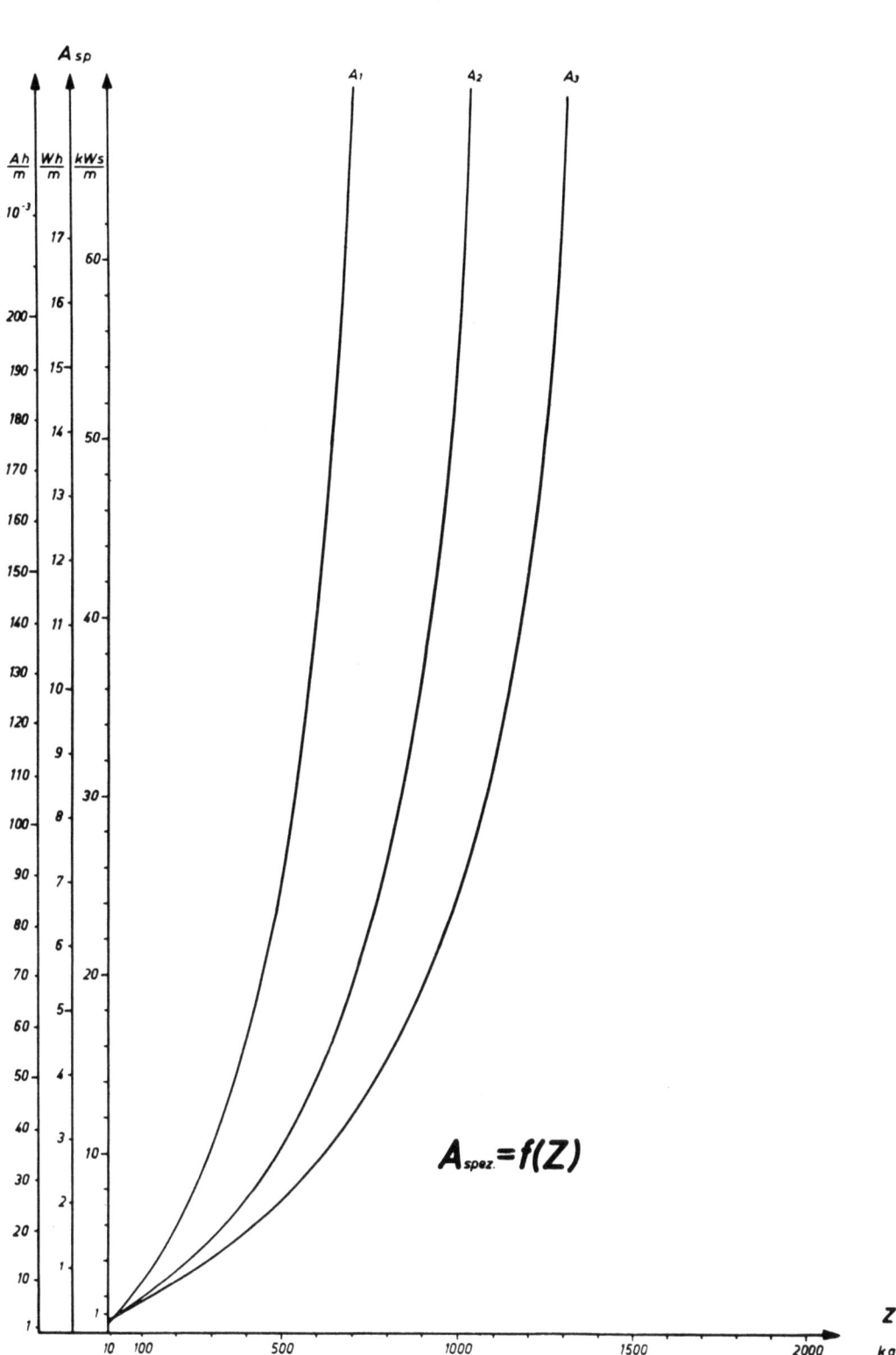

$A_{spez.} = f(Z)$

3/6

Schachtanlage: 3   Lok Nr.: 6

Bauart: Einfach - Lok

Dienstgewicht: 7,8 t

Konstruktive Daten:

    Schienenspur: 588 mm   Achsstand: 1000 mm

    Achszahl: 2   Achslager: Ring - Tonnenlager

    Mittlerer Laufkranzdurchmesser: 450 mm

    Zahl der Führerstände: 1

Elektrische Daten:

    Stundenleistung der Lok: 16,6 kW

    Geschwindigkeit bei Stundenleistung: 1,5 m/s

    Stundenzugkraft am Radumfang: 1000 kg

    Motorenzahl: 2   Batteriezahl: 2

    Fahrstufen: 4

Motordaten:

    Motorart Normalbauart: Kraftübertragung durch Kette

    Stundenleistung: 8,3 kW   Motorspannung: 70 V

    Drehzahl.b.Stdlstg.: 1800 U/min Übersetzung: 27,8 : 1

Batteriedaten:

    Zellenzahl: 2 x 36   Mittlere Entladespannung: 70 V

    Zellentype: 7 - 380   Kapazität: 2 x 466 Ah

Bemerkungen:

3/6 a

Fahrstufe	je Batterie 2 Battr.-Hälft.	2 Motoren	% Feld
1	//	--	100
2	--	--	100
3	--	--	50
4	--	--	100

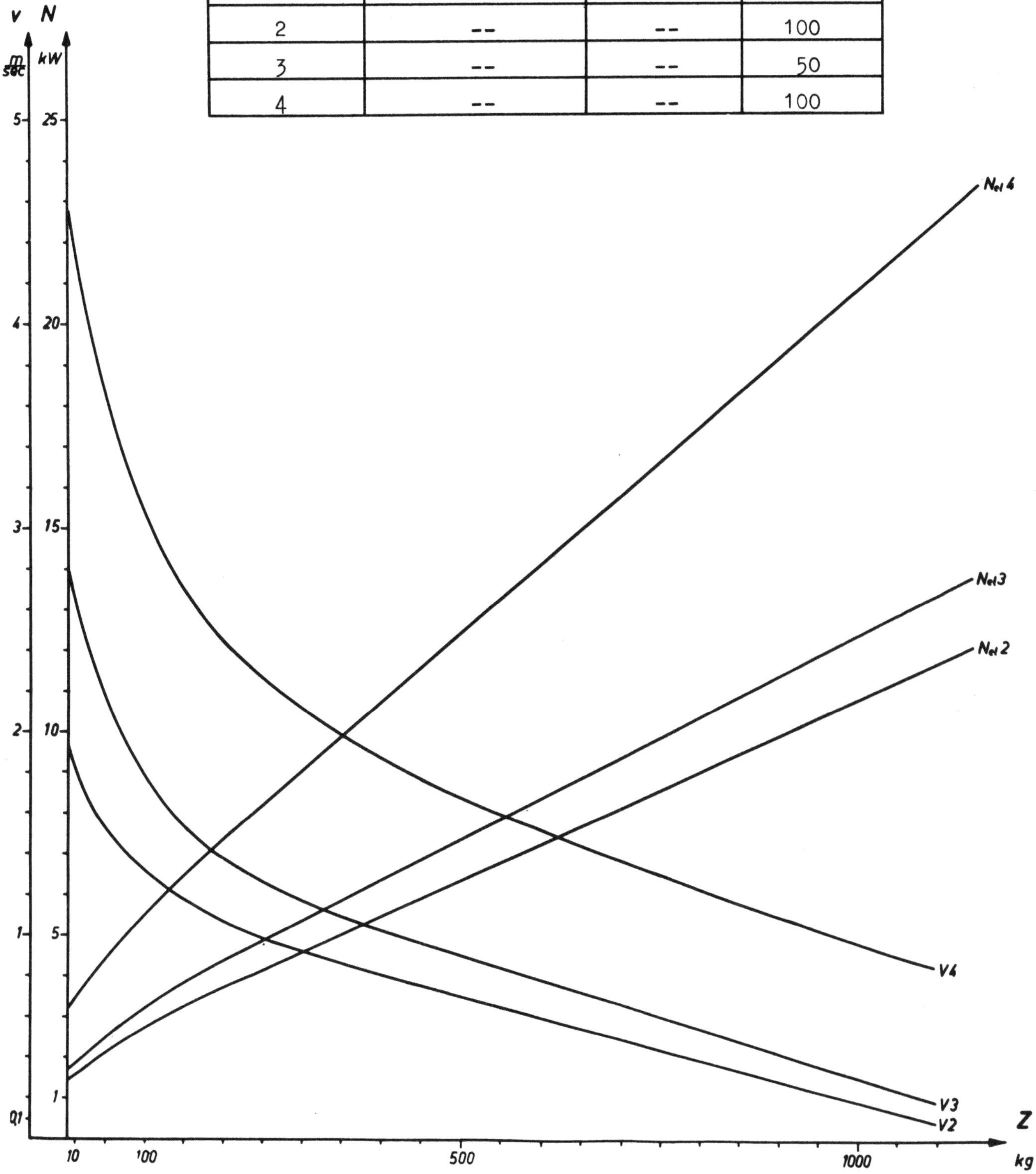

Seite 127

3/6 b

Fahrstufe	je Batterie 2 Battr.-Hälft.	2 Motoren	% Feld
1	//	--	100
2	--	--	100
3	--	--	50
4	--	--	100

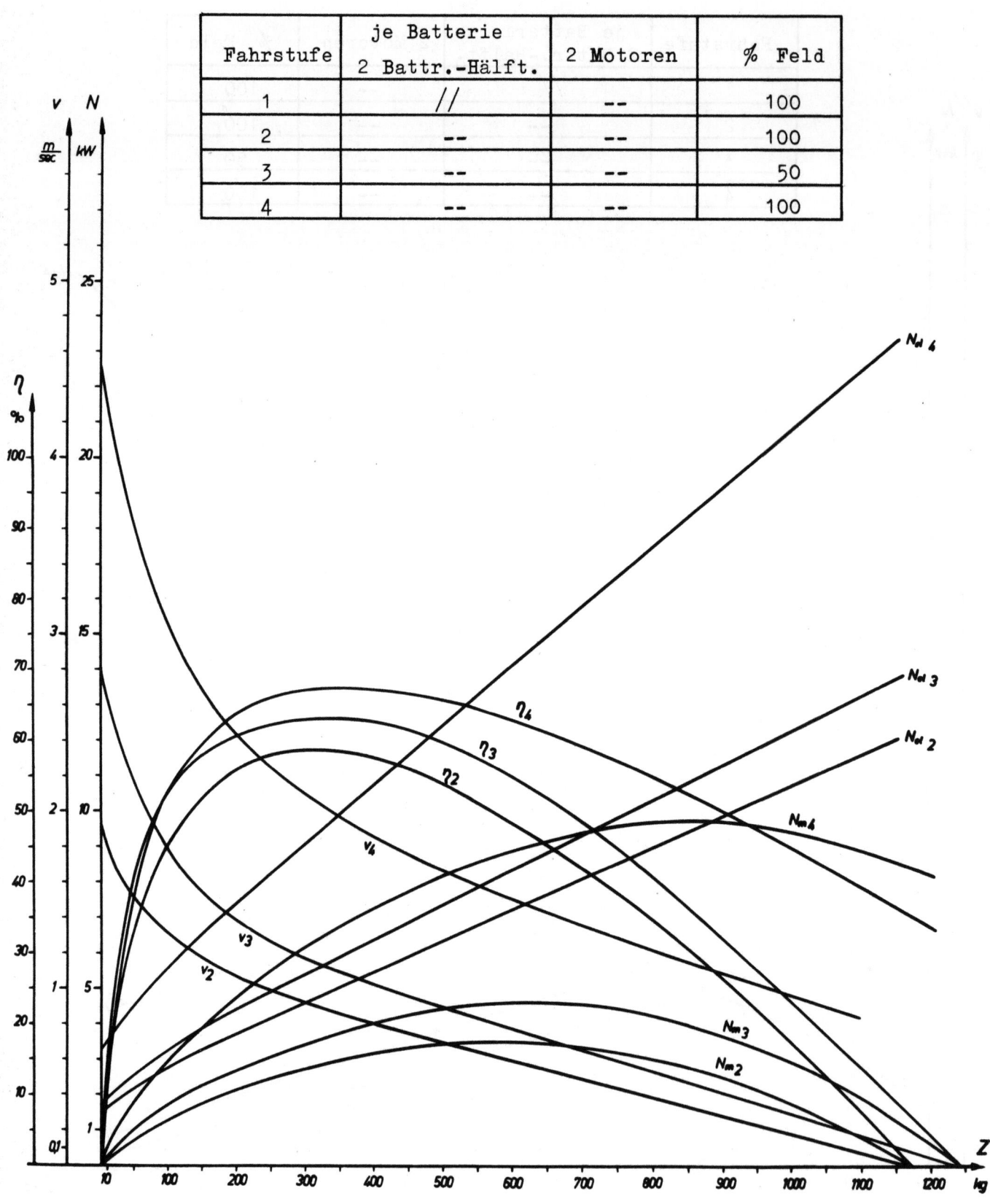

3/6 c

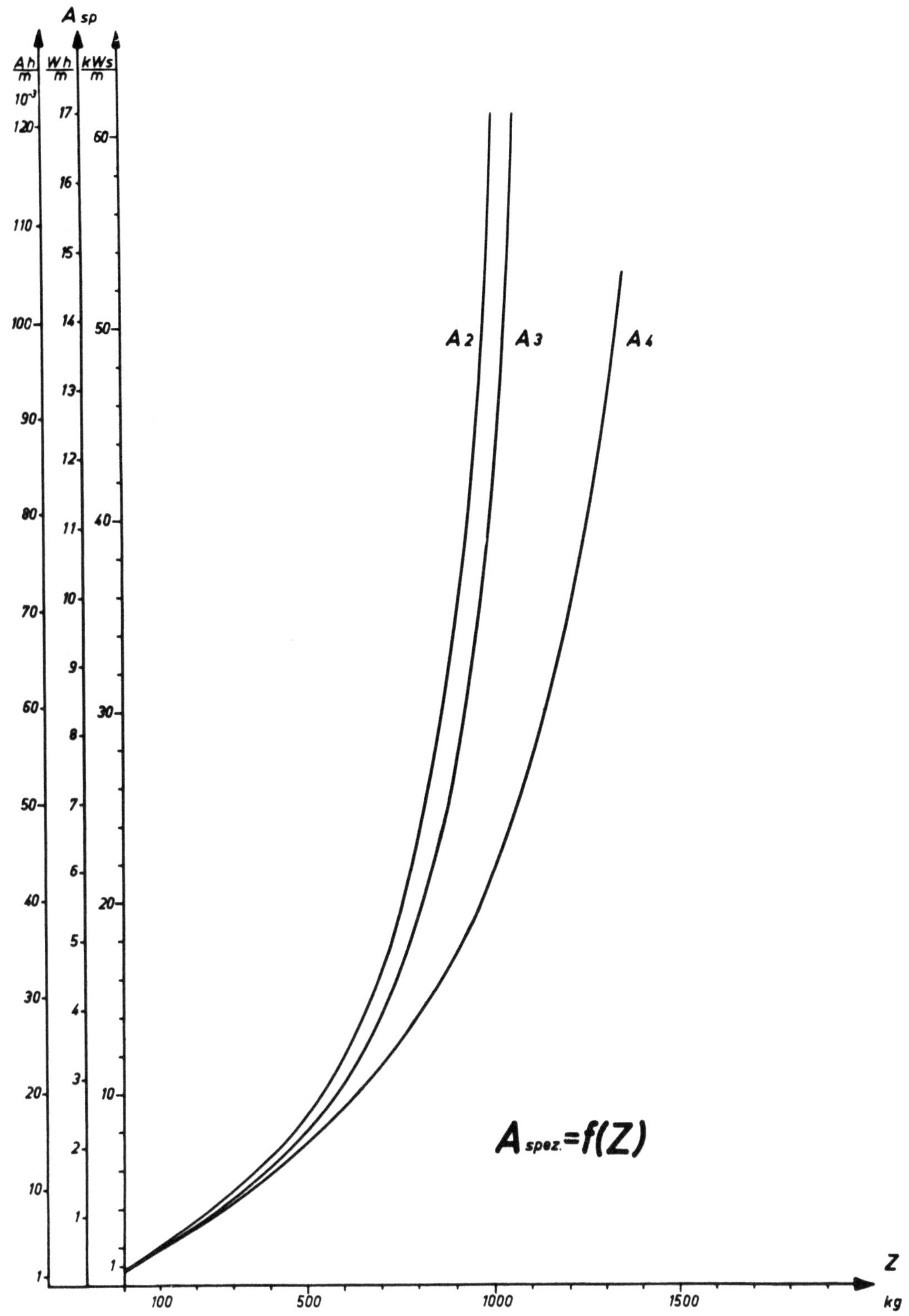

$A_{spez.} = f(Z)$

Forschungsberichte des Wirtschafts- und Verkehrsministeriums Nordrhein-Westfalen

3/7

Schachtanlage: 3   Lok Nr.: 7

Bauart: Einfach - Lok

Dienstgewicht: 7,5 t

Kontruktive Daten:

    Schienenspur: 588 mm   Achstand: 1100 mm
    Achszahl: 2   Achslager: Zylinderrollenlager
    Mittlerer Laufkranzdurchmesser: 650 mm
    Zahl der Führerstände: 1

Elektrische Daten:

    Stundenleistung der Lok: 26 kW
    Geschwindigkeit bei Stundenleistung: 3,45 m/s
    Stundenzugkraft am Radumfang: 770 kg
    Motorenzahl: 2   Batteriezahl: 1
    Fahrstufen: 9, davon 3 Dauerstufen

Motordaten:

    Motorart: Tatzlager
    Stundenleistung: 13 kW   Motorspannung: 110 V
    Drehzahl bei Stdlstg.: 840 U/min   Übersetzung: 8,3 : 1

Batteriedaten:

    Zellenzahl: 56   Mittlere Entladespannung: 110 V
    Zellentype: 7 - 380   Kapazität: 466 Ah

Bemerkungen:

3/7 a

Fahrstufe	2 Battr.-Hälften	2 Motoren	% Feld
3	//	--	100
6	--	--	100
9	--	//	100

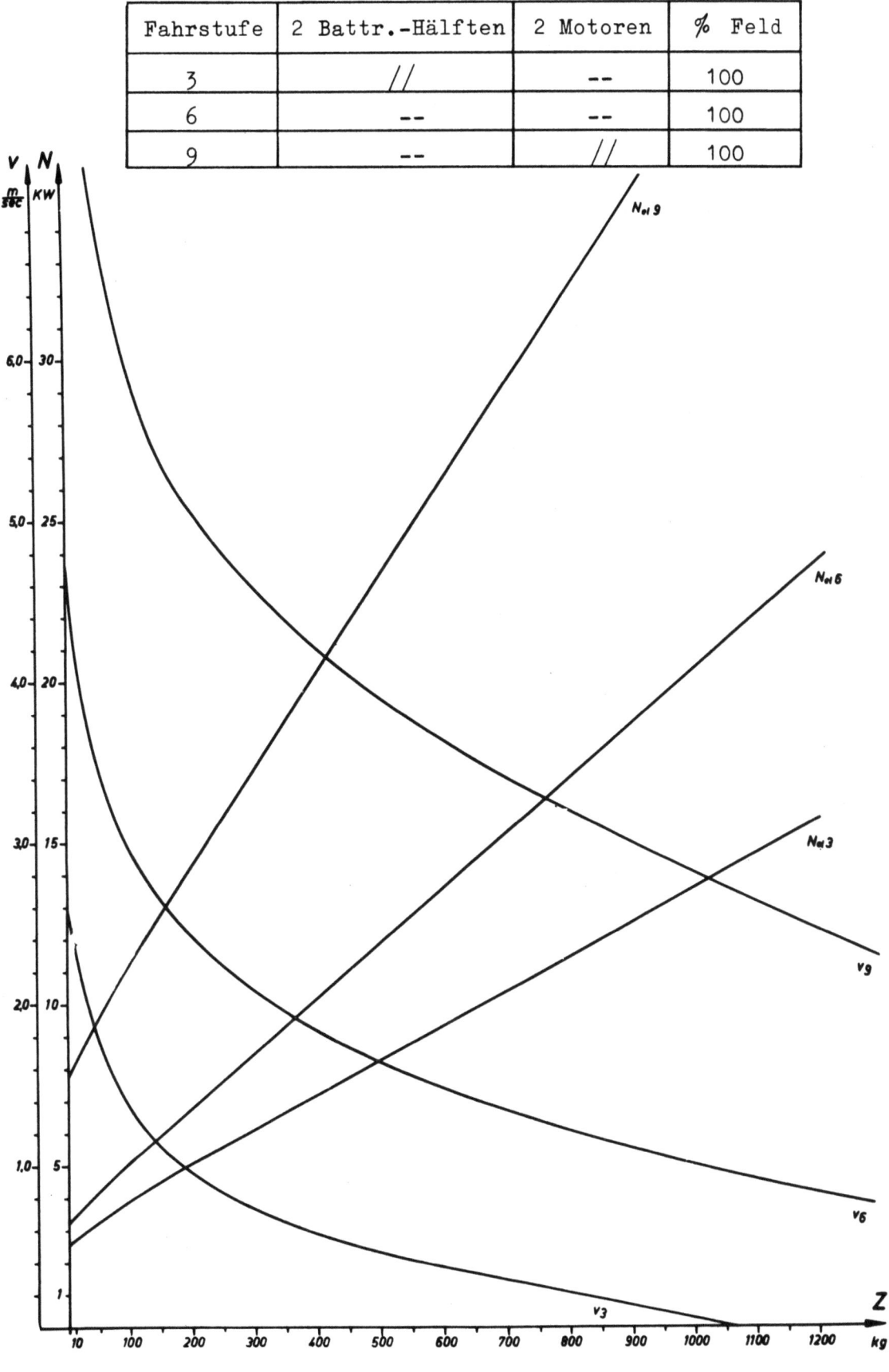

3/7 b

Fahrstufe	2 Battr.-Hälften	2 Motoren	% Feld
3	//	--	100
6	--	--	100
9	--	//	100

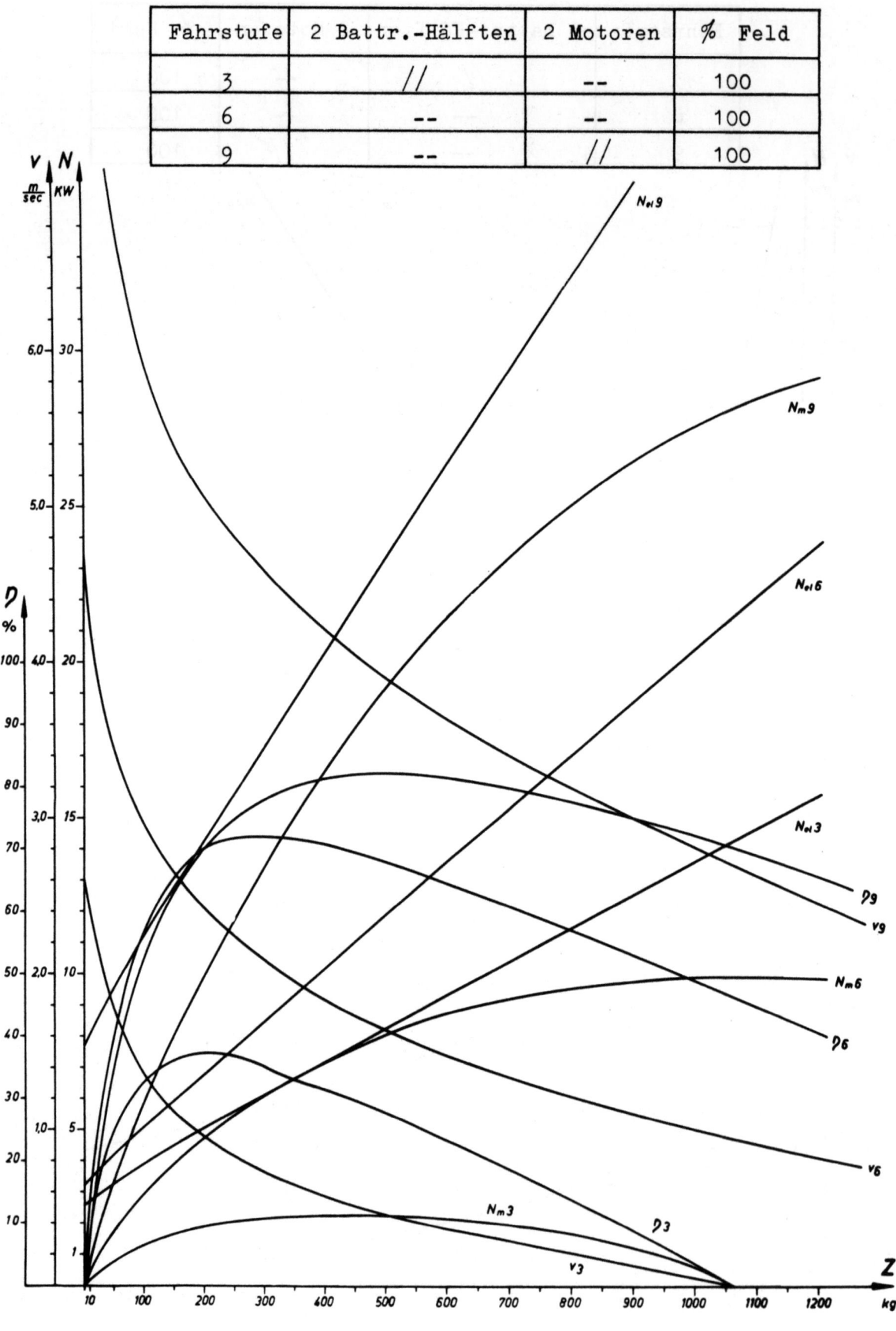

Seite 132

3/7 c

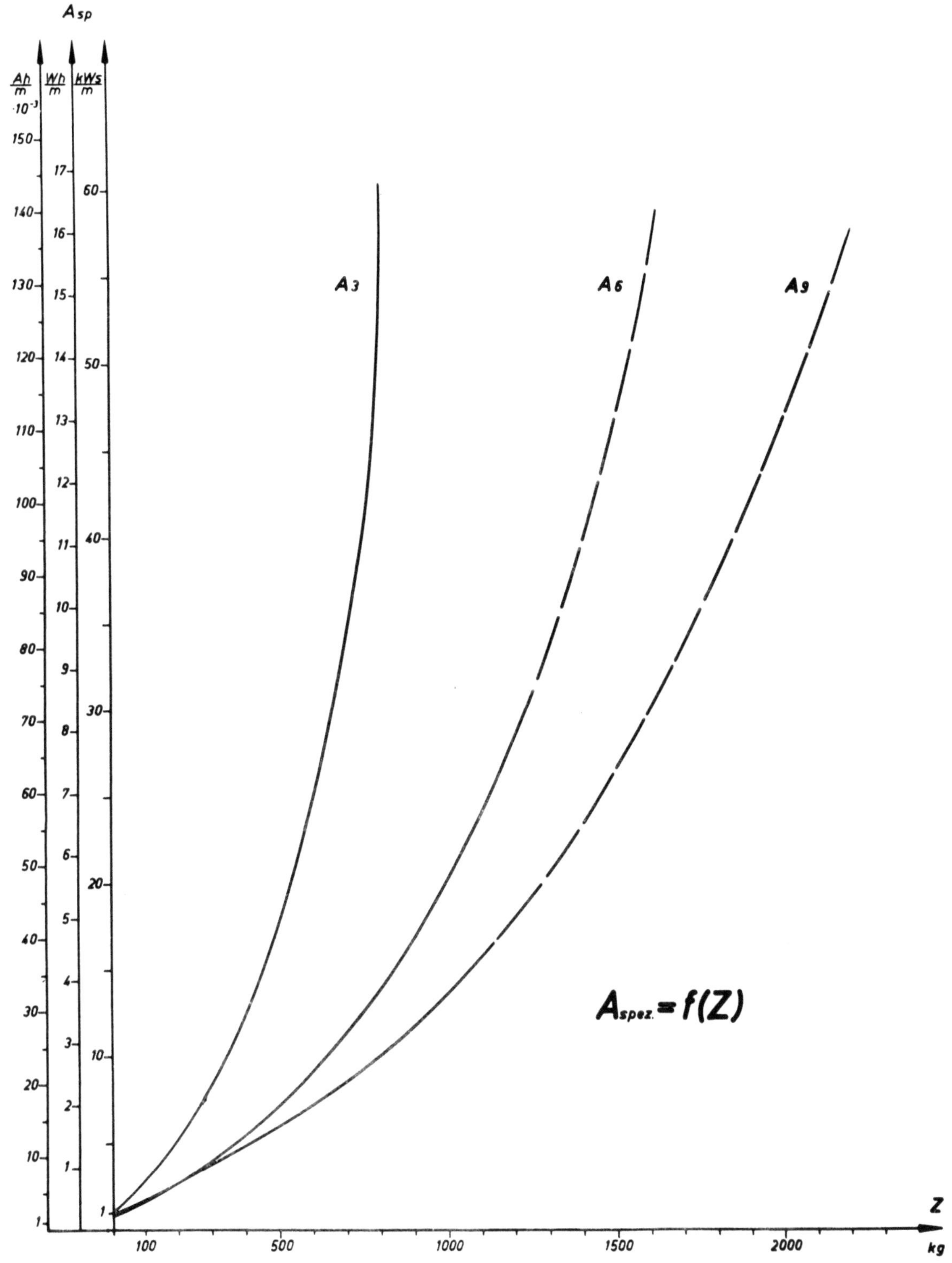

$A_{spez.} = f(Z)$

Forschungsberichte des Wirtschafts- und Verkehrsministeriums Nordrhein-Westfalen

4/8

Schachtanlage: 4   Lok Nr.: 8

Bauart: Einfach - Lok

Dienstgewicht: 13,8 t

Konstruktive Daten:

    Schienenspur: 545 mm   Achsstand: 1600 mm

    Achszahl: 2   Achslager: Rollenlager

    Mittlerer Laufkranzdurchmesser: 780 mm

    Zahl der Führerstände: 2

Elektrische Daten:

    Stundenleistung der Lok: 29,6 kW

    Geschwindigkeit bei Stundenleistung: 1,93 m/s

    Stundenzugkraft am Radumfang: 1490 kg

    Motorenzahl: 2   Batteriezahl: 1

    Fahrstufen: 8

Motordaten:

    Motorart: Tatzlager

    Stundenleistung: 14,8 kW   Motorspannung: 90 - 150 V

    Drehzahl bei Stdlstg.: 385 U/min Übersetzung: 8,15 : 1

Batteriedaten:

    Zellenzahl: 60   Mittlere Entladespannung: 117 V

    Zellentype: 12 Ky 380   Kapazität: 720 Ah

Bemerkungen:

4/8 a

Fahrst.	2 Bttr.-Hälft.	2 Motoren	Wdstd.	% Feld
1	//	--	0	100
2	//	--	0	66,6
3	//	//	ja	100
4	//	//	0	100
5	//	//	0	66,6
6	--	//	ja	100
7	--	//	0	100
8	--	//	0	66,6

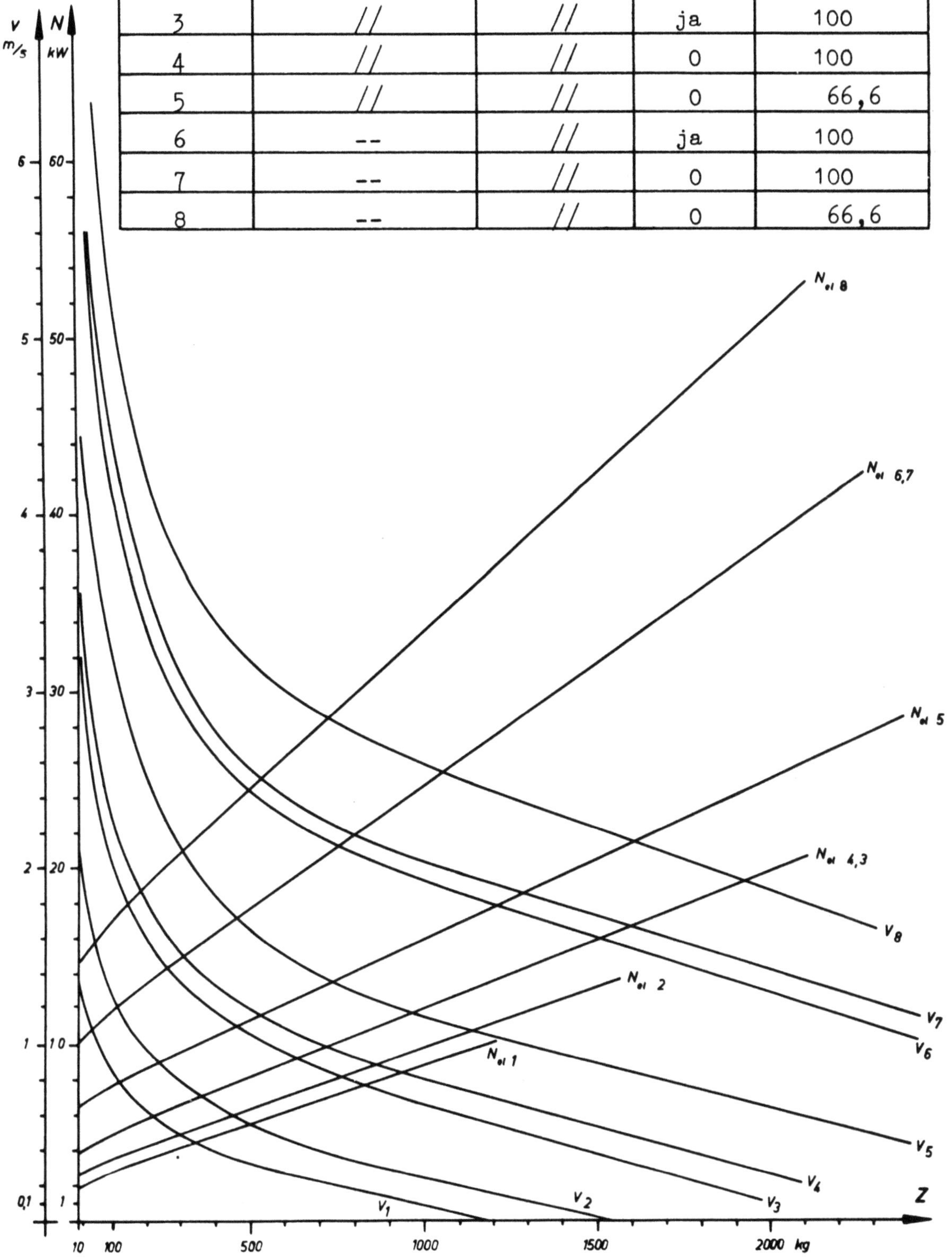

Seite 135

4/8 b

Fahrst.	2 Bttr.-Hälft.	2 Motoren	Wdstd.	% Feld
1	//	--	0	100
2	//	--	0	66,6
3	//	//	ja	100
4	//	//	0	100
5	//	--	0	66,6
6	--	//	ja	100
7	--	//	0	100
8	--	//	0	66,6

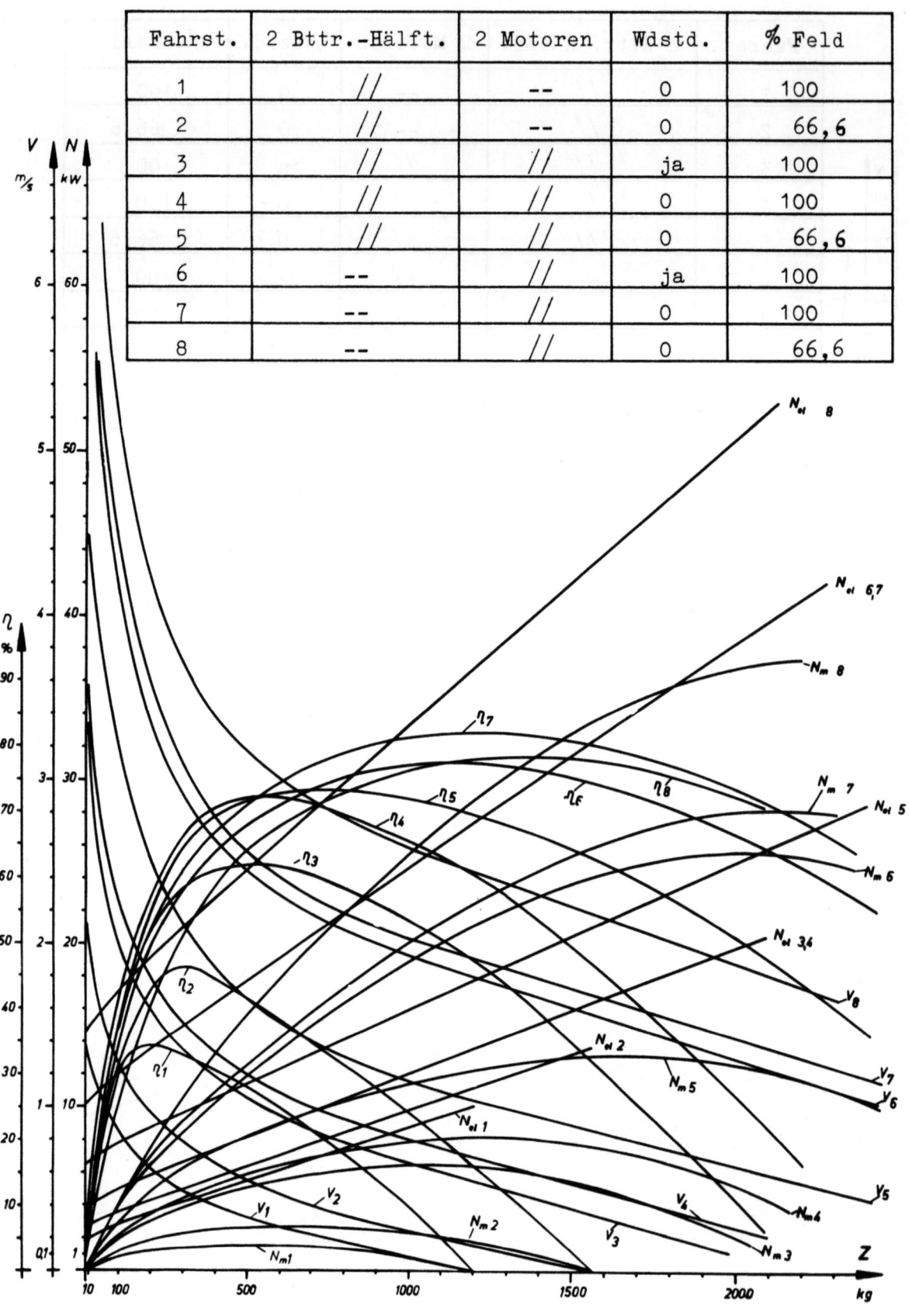

4/8 c

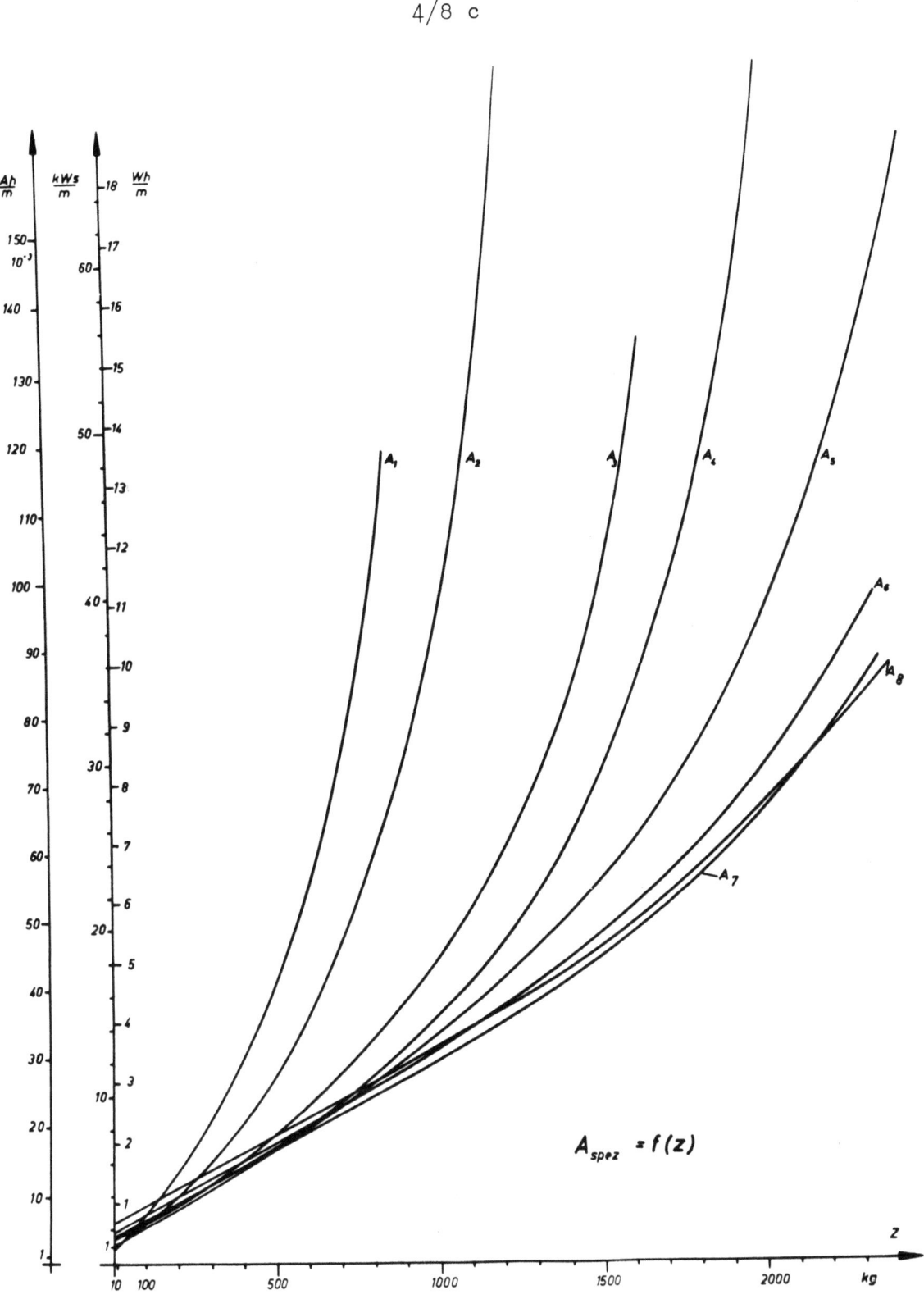

Forschungsberichte des Wirtschafts- und Verkehrsministeriums Nordrhein-Westfalen

E. Zusammenfassung der wichtigsten Ergebnisse und Schlußfolgerungen

Als wichtigste Ergebnisse der Untersuchung sind herauszustellen die neuen Kenntnisse über den Fahrwiderstand von Förderwagen im Zugverband und die Aufstellung von Lokomotivkennlinienbildern, die das Vorausberechnen von Fahrdiagrammen und Batteriearbeitsverbrauch ermöglichen.

Es ist bisher üblich, die erforderlichen Zugkräfte von Lokomotiven auf Grund des Zuggewichts zu berechnen, wobei der Fahrwiderstand als Proportionalitätsfaktor je nach Art und Größe der Radsätze und der Güte des Gestänges in der Größenordnung von 4 - 12 kg/t abgeschätzt wird. Hierbei werden weder die Fahrgeschwindigkeit noch die Belastungsart der Wagen berücksichtigt. Die Untersuchung über den Fahrwiderstand erbrachte folgende verbessernden und ergänzenden Erkenntnisse:

Der Fahrwiderstand ist in solchem Masse von der Fahrgeschwindigkeit abhängig, daß diese Abhängigkeit bei genaueren Berechnungen berücksichtigt werden muß, und zwar folgt der Fahrwiderstand bezogen auf gerade und ebene Strecken einem allgemeinem Gesetz $F = F_o + a\,v$. Der Einfluß des Normalachsdrucks auf den Fahrwiderstand wirkt sich dahin aus, daß für leere und beladene Wagen unterschiedliche Zahlenwerte in der obigen Gleichung eingesetzt werden müssen. Als Folge davon scheint es angebracht, für genauere Berechnungen nicht mit einem Fahrwiderstand je t Zuglast zu rechnen, sondern getrennt für leere und beladene Wagen mit dem Fahrwiderstand eines Wagens unter Berücksichtigung der Lagerbauart und des Lagerzustandes.

Für die häufig verwendeten Wagen in der Größenordnung von 900 - 1200 l Inhalt mit Kegellagerradsätzen nach DIN 20553 mit Kegellagern DIN 720, Reihe 32210/211, sind nach den Ergebnissen für die Berechnung des Fahrwiderstands nachstehende Formeln vorzuschlagen:

	leere Wagen	beladene Wagen
Betriebsnormal, sehr günstig	$F\left(\frac{kg}{L}\right) = 3{,}6 + 0{,}55 \cdot v\left(\frac{m}{s}\right)$	$F\left(\frac{kg}{K}\right) = 5{,}5 + 1{,}2\,v\left(\frac{m}{s}\right)$
Betriebsnormal, ungünstig	$= 4{,}6 + 0{,}55\,v$	$= 7{,}0 + 1{,}2\,v$
Mittl. betriebsnormal. Wert	$= 4{,}1 + 0{,}55\,v$	$= 6{,}2 + 1{,}2\,v$

Forschungsberichte des Wirtschafts- und Verkehrsministeriums Nordrhein-Westfalen
---

Die Feststellungen über die Fahrwiderstände sind erweitert für Kegellagerradsätze bei Großraumwagen und für Walzenlagerradsätze bei Kleinwagen. Ferner wird der Einfluß der Wettergeschwindigkeit auf den Fahrwiderstand sowie der Fahrwiderstand gedrückter Wagen untersucht. Der Einfluß von Streckenzustand, Gleisverengungen, Krümmungen usw. findet Hinweise.

Aus den gewonnenen Unterlagen über die Fahrwiderstände lassen sich die erforderlichen Zugkräfte im Beharrungszustand mit und ohne Berücksichtigung der Steigung errechnen.

Der 2. Abschnitt der Untersuchung befasst sich mit der Fahrdynamik und dem Arbeitsverbrauch der Akkumulatoren-Lokomotiven. Für die untersuchten Lokomotiven werden aus den Messungen Kennlinienbilder aufgestellt. Diese zeigen über der von der Lok an den Zug abgegebenen Zughakenkraft die Geschwindigkeit des Zuges, die elektrisch aufgenommene Leistung der Lok, die mechanisch abgegebene Leistung und den Wirkungsgrad und ermöglichen so für jede beliebige Fahrstufe bei einer bestimmten geforderten Zugkraft die Geschwindigkeit, Energieaufnahme und den Wirkungsgrad sofort abzulesen. Diese Lokkennlinien gestatten die Berechnung des Fahrdiagramms, das die Geschwindigkeit und die Lokomotivleistung über der Zeit oder über dem Weg zeigt, mit einer solchen Genauigkeit, daß es von einem mit schreibenden Meßgeräten tatsächlich aufgenommenen Diagramm praktisch keine Abweichungen zeigt. Hierzu wird eine der Wagenzahl und dem Fahrwiderstand pro Wagen sowie der bekannten Steigung entsprechende geschwindigkeitsabhängige Widerstandslinie $Z_B = f(v)$ in das Kennlinienfeld eingetragen, wodurch der Gesamtablauf des Schaltvorgangs festgelegt ist und berechnet werden kann, wenn nur jeweils eine bestimmte Fahrzeit für die einzelnen Fahrstufen angenommen wird. Daß dieses Verfahren nicht nur für konstante Steigung, sondern auch für beliebig gestaltetes Gelände durchführbar ist, und wie es vereinfacht berechnet werden kann, wird an Beispielen ausführlich erläutert. Die Möglichkeit, das Fahrdiagramm mit jeder gewünschten Genauigkeit zu berechnen, gestattet nicht nur die genaue Vorausberechnung der Fahrzeit für eine bestimmte Strecke, sondern auch die Bestimmung des Energieverbrauchs der Lokomotive, der bei der Akkulok von besonderer Wichtigkeit ist, da deren Aktionsradius von der Speicherfähigkeit der Batterie abhängig ist. Gleichzeitig lassen sich aus dem Kennlinienfeld die auftretenden Batterie- bzw. Motorströme ablesen, so daß Überlastungen der Maschine sofort erkennbar sind. Da die Bestimmung der Kapazitätsentnahme aus der Batterie für einen angenommenen Zug mit Hilfe der Fahrdiagrammberechnung für überschlägige Berechnungen zu umständlich erscheint, werden für jede Lokomotive Kennlinien des spezifischen Arbeitsverbrauchs entwickelt, die für jede Fahrstufe in Abhängigkeit von der abgegebenen Zugkraft die Arbeitsentnahme aus der Batterie in kWs, Wh und Ah je gefahrenen Meter angeben. Dieser der Kennlinie entnommene Wert braucht lediglich mit der zu durchfahrenden Entfernung multipliziert und einem prozentualen Zuschlag versehen zu werden, um die der Batterie auf dieser Fahrt entnommene Kapazität zu ermitteln.

Für 10 Lokomotiven gebräuchlicher Bauart werden aus den Messungen die Kennlinienbilder ermittelt. Solche Kennlinienbilder sollten von jeder Herstellerfirma für jede Lokomotive auf Prüfständen aufgenommen und mitgeliefert werden, womit der Betriebstechniker einwandfreie Berechnungsunterlagen erhält und außerdem ein Anhalt für Garantienachweis gegeben ist.

Mit der Ermittlung der Fahrwiderstände und der Entwicklung der Lokomotivkennlinien sowie ihrer Anwendungsmöglichkeiten sind für die Betriebspraxis Unterlagen geschaffen, die es ihr ermöglichen, den Einsatz der Akkumulatoren-Lokomotive mit jeder gewünschten Genauigkeit vorauszuberechnen und eine vernünftig fundierte Planung bezüglich der Lokomotivgröße, ihres Einsatzes und der wirtschaftlichsten Betriebsgestaltung durchzuführen.

Dr.-Ing. Hermann FAUSER, Aachen

F. Anhang

I. Benutzte Formelzeichen

b	=	Beschleunigung
b_m	=	mittlere Beschleunigung
E	=	Entfernung
f	=	Reibungsarm der rollenden Reibung
F	=	Fahrwiderstand, ermittelt bei konstanter Geschwindigkeit
F_m	=	mittlerer Fahrwiderstand, ermittelt aus Gesamtzugarbeit
G	=	Gewicht der Anhängelast
G_W	=	Wagengewicht
G_L	=	Gewicht eines leeren Wagens
G_K	=	Gewicht eines mit Kohlen beladenen Wagens
G_{St}	=	Gewicht eines mit Steinen beladenen Wagens
H	=	Höhe
J	=	Strom
K	=	Kohlenwagen
L	=	Leerwagen
L	=	Länge der Anhängelast
m	=	Masse
M	=	Maßstab
M_R	=	Moment der Reibung
n	=	Wagenzahl
N	=	Normalkraft
N_{El}	=	Elektrische Leistung
N_m	=	Mechanische Leistung
P	=	Umfangskraft
r	=	Zapfenhalbmesser
R	=	Radhalbmesser
S	=	Steigung
S_m	=	mittlere Steigung
t	=	Zeit
T	=	Tangentialkraft
v	=	Geschwindigkeit
v_m	=	mittlere Geschwindigkeit
V	=	Spannung

Z = Zughakenkraft = von der Lok abgegebene Zugkraft

Z_b = Zugkraft zur Beschleunigung der Zugmasse (Beschleunigungszugkraft)

Z_B = Zugkraft im Beharrungsabschnitt (Beharrungszugkraft)

Z_F = Zugkraft zur Überwindung des Fahrwiderstands

Z_{max} = Grenzzugkraft bei $v = 0$ m/s

Z_S = Zugkraft zur Überwindung der Steigung (Steigungszugkraft)

Z_{Sm} = mittlere Steigungzugkraft

μ = Reibungsziffer

$\eta = \eta_{Lok} = \dfrac{\text{Zughakenleistung}}{\text{Leistungsabgabe der Batterie}}$

II. Literaturverzeichnis

(1) SCHULTE — Kugel- und Rollenlagerradsätze für Förderwagen. Glückauf, Jahrgang 1910, S. 24 ff.

(2) PLESSOW — Untersuchungen über den Fahr- und Anfahrwiderstand von Förderwagen. Glückauf, Jahrgang 1934, S. 450 ff.

PLESSOW — Der Fahr- und Anfahrwiderstand von Grubenförderwagen auf gerader Strecke und in Kurven. Dissertation, Berlin 1933, Universitätsdruckerei G. NEUENHAHN, Jena

(3) OSTERMANN — Untersuchung des Reibungswiderstands von Förderwagenlagern. Glückauf, Jahrgang 1933, S. 373 ff. und 398 ff.

OSTERMANN — Untersuchung des Reibungswiderstands von Förderwagenlagern. Dissertation, Berlin 1933, Verlag Glückauf, Essen.

(4) OSTERMANN — Untersuchungen über den Fahrwiderstand freiablaufender Förderwagen. Glückauf, Jahrgang 1935, S. 39 ff.

(5) MÜLLER-NEUGLÜCK — Losradsätze mit Präzisionslagern an Förderwagen. Glückauf, Jahrgang 1935, S. 1169 ff.

MÜLLER-NEUGLÜCK — Fahrversuche mit verschiedenen Lagerbauarten in Förderwagenradsätzen. Glückauf, Jahrgang 1938, S. 914 ff.

Ferner:

PALMGREN — Grundlagen der Wälzlagertechnik. Frank'sche Verlagsbuchhandlung, Stuttgart 1950.

ESCHMANN, HASBARGEN
WEIGAND — Die Wälzlagerpraxis. Verlag von R. OLDENBOURG, München 1953.

FINDEISEN — Neuzeitliche Maschinenelemente, Band II. Schweizer Druck- und Verlagshaus, Zürich 1951.

MÜLLER, W. — Eisenbahnanlagen und Fahrdynamik, Band I und II. Springer Verlag 1953

FORSCHUNGSBERICHTE DES WIRTSCHAFTS- UND VERKEHRSMINISTERIUMS NORDRHEIN-WESTFALEN

Herausgegeben von Staatssekretär Prof. Leo Brandt

HEFT 1
Prof. Dr.-Ing. E. Flegler, Aachen
Untersuchungen oxydischer Ferromagnet-Werkstoffe
1952, 20 Seiten, DM 6,75

HEFT 2
Prof. Dr. W. Fuchs, Aachen
Untersuchungen über absatzfreie Teeröle
1952, 32 Seiten, 5 Abb., 6 Tabellen, DM 10,—

HEFT 3
Techn.-Wissenschaftl. Büro für die Bastfaserindustrie, Bielefeld
Untersuchungsarbeiten zur Verbesserung des Leinenwebstuhls
1952, 44 Seiten, 7 Abb., 3 Tabellen, DM 12,50

HEFT 4
Prof. Dr. E. A. Müller und Dipl.-Ing. H. Spitzer, Dortmund
Untersuchungen über die Hitzebelastung in Hüttebetrieben
1952, 28 Seiten, 5 Abb., 1 Tabelle, DM 9,—

HEFT 5
Dipl.-Ing. W. Fister, Aachen
Prüfstand der Turbinenuntersuchungen
1952, 40 Seiten, 30 Abb., 3 Schaltbilder, DM 1,—

HEFT 6
Prof. Dr. W. Fuchs, Aachen
Untersuchungen über die Zusammensetzung und Verwendbarkeit von Schwelteerfraktionen
1952, 36 Seiten, DM 10.50

HEFT 7
Prof. Dr. W. Fuchs, Aachen
Untersuchungen über emsländisches Petrolatum
1952, 36 Seiten, 1 Abb., 17 Tabellen, DM 10,50

HEFT 8
M. E. Meffert und H. Stratmann, Essen
Algen-Großkulturen im Sommer 1951
1953, 52 Seiten, 4 Abb., 20 Tabellen, DM 9,75

HEFT 9
Techn.-Wissenschaftl. Büro für die Bastfaserindustrie, Bielefeld
Untersuchungen über die zweckmäßige Wicklungsart von Leinengarnkreuzspulen unter Berücksichtigung der Anwendung hoher Geschwindigkeiten des Garnes
Vorversuche für Zetteln und Schären von Leinengarnen auf Hochleistungsmaschinen
1952, 48 Seiten, 7 Abb., 7 Tabellen, DM 9,25

HEFT 10
Prof. Dr. W. Vogel, Köln
„Das Streifenpaar" als neues System zur mechanischen Vergrößerung kleiner Verschiebungen und seine technischen Anwendungsmöglichkeiten
1953, 20 Seiten, 6 Abb., DM 4,50

HEFT 11
Laboratorium für Werkzeugmaschinen und Betriebslehre, Technische Hochschule Aachen
1. Untersuchungen über Metallbearbeitung im Fräsvorgang mit Hartmetallwerkzeugen und negativem Spanwinkel
2. Weiterentwicklung des Schleifverfahrens für die Herstellung von Präzisionswerkstücken unter Vermeidung hoher Temperatur
3. Untersuchung von Oberflächenveredlungsverfahren zur Steigerung der Belastbarkeit hochbeanspruchter Bauteile
1953, 80 Seiten, 61 Abb., DM 15,75

HEFT 12
Elektrowärme-Institut, Langenberg (Rhld.)
Induktive Erwärmung mit Netzfrequenz
1952, 22 Seiten 6 Abb., DM 5,20

HEFT 13
Techn.-Wissenschaftl. Büro für die Bastfaserindustrie, Bielefeld
Das Naßspinnen von Bastfasergarnen mit chemischen Zusätzen zum Spinnbad
1953, 52 Seiten, 4 Abb., 19 Tabellen, DM 10,—

HEFT 14
Forschungsstelle für Acetylen, Dortmund
Untersuchungen über Aceton als Lösungsmittel für Acetylen
1952, 64 Seiten, 10 Abb., 26 Tabellen, DM 12,25

HEFT 15
Wäschereiforschung Krefeld
Trocknen von Wäschestoffen
1953, 48 Seiten, 14 Abb., 2 Tabellen, DM 9,—

HEFT 16
Max-Planck-Institut für Kohlenforschung, Mülheim a. d. Ruhr
Arbeiten des MPI für Kohlenforschung
1953, 104 Seiten, 9 Abb., DM 17,80

HEFT 17
Ingenieurbüro Herbert Stein, M.-Gladbach
Untersuchung der Verzugsvorgänge in den Streckwerken verschiedener Spinnereimaschinen. 1. Bericht: Vergleichende Prüfung mit verschiedenen Dickenmeßgeräten
1952, 36 Seiten, 15 Abb., DM 8,—

HEFT 18
Wäschereiforschung Krefeld
Grundlagen zur Erfassung der chemischen Schädigung beim Waschen
1953, 68 Seiten, 15 Abb., 15 Tabellen, DM 12,75

HEFT 19
Techn.-Wissenschaftl. Büro für die Bastfaserindustrie, Bielefeld
Die Auswirkung des Schlichtens von Leinengarnketten auf den Verarbeitungswirkungsgrad, sowie die Festigkeit und Dehnungsverhältnisse der Garne und Gewebe
1953, 48 Seiten, 1 Abb., 9 Tabellen, DM 9,—

HEFT 20
Techn.-Wissenschaftl. Büro für die Bastfaserindustrie, Bielefeld
Trocknung von Leinengarnen I
Vorgang und Einwirkung auf die Garnqualität
1953, 62 Seiten, 18 Abb., 5 Tabellen, DM 12,—

HEFT 21
Techn.-Wissenschaftl. Büro für die Bastfaserindustrie, Bielefeld
Trocknung von Leinengarnen II
Spulenanordnung und Luftführung beim Trocknen von Kreuzspulen
1953, 66 Seiten, 22 Abb., 9 Tabellen, DM 13,—

HEFT 22
Techn.-Wissenschaftl. Büro für die Bastfaserindustrie, Bielefeld
Die Reparaturanfälligkeit von Webstühlen
1953, 28 Seiten, 7 Abb., 5 Tabellen, DM 5,80

HEFT 23
Institut für Starkstromtechnik, Aachen
Rechnerische und experimentelle Untersuchungen zur Kenntnis der Metadyne als Umformer von konstanter Spannung auf konstanten Strom
1953, 52 Seiten, 20 Abb., 4 Tafeln, DM 9,75

HEFT 24
Institut für Starkstromtechnik, Aachen
Vergleich verschiedener Generator-Metadyne-Schaltungen in bezug auf statisches Verhalten
1952, 44 Seiten, 23 Abb., DM 8,50

HEFT 25
Gesellschaft für Kohlentechnik mbH., Dortmund-Eving
Struktur der Steinkohlen und Steinkohlen-Kokse
1953, 58 Seiten, DM 11,—

HEFT 26
Techn.-Wissenschaftl. Büro für die Bastfaserindustrie, Bielefeld
Vergleichende Untersuchungen zweier neuzeitlicher Ungleichmäßigkeitsprüfer für Bänder und Garne hinsichtlich ihrer Eignung für die Bastfaserspinnerei
1953, 64 Seiten, 30 Abb., DM 12,50

HEFT 27
Prof. Dr. E. Schratz, Münster
Untersuchungen zur Rentabilität des Arzneipflanzenanbaues Römische Kamille, Anthemis nobilis L.
1953, 16 Seiten, 1 Tabelle, DM 3,60

HEFT 28
Prof. Dr. E. Schratz, Münster
Calendula officinalis L. Studien zur Ernährung, Blütenfüllung und Rentabilität der Drogengewinnung
1953, 24 Seiten, 2 Abb., 3 Tabellen, DM 5,20

HEFT 29
Techn.-Wissenschaftl. Büro für die Bastfaserindustrie, Bielefeld
Die Ausnützung der Leinengarne in Geweben
1953, 100 Seiten, 14 Abb., 10 Tabellen, DM 17,80

HEFT 30
Gesellschaft für Kohlentechnik mbH., Dortmund-Eving
Kombinierte Entaschung und Verschwelung von Steinkohle; Aufarbeitung von Steinkohlenschlämmen zu verkokbarer oder verschwelbarer Kohle
1953, 56 Seiten, 16 Abb., 10 Tabellen, DM 10,50

HEFT 31
Dipl.-Ing. A. Stormanns, Essen
Messung des Leistungsbedarfs von Doppelsteg-Kettenförderern
1954, 54 Seiten, 18 Abb., 3 Anlagen, DM 11,—

HEFT 32
Techn.-Wissenschaftl. Büro für die Bastfaserindustrie, Bielefeld
Der Einfluß der Natriumchloridbleiche auf Qualität und Verwebbarkeit von Leinengarnen und die Eigenschaften der Leinengewebe unter besonderer Berücksichtigung des Einsatzes von Schützen- und Spulenwechselautomaten in der Leinenweberei
1953, 64 Seiten, 2 Abb., 12 Tabellen, DM 11,50

HEFT 33
Kohlenstoffbiologische Forschungsstation e. V.
Eine Methode zur Bestimmung von Schwefeldioxyd und Schwefelwasserstoff in Rauchgasen und in der Atmosphäre
1953, 32 Seiten, 8 Abb., 3 Tabellen, DM 6.50

HEFT 34
Textilforschungsanstalt Krefeld
Quellungs- und Entquellungsvorgänge bei Faserstoffen
1953, 52 Seiten, 13 Abb., 13 Tabellen, DM 9,80

WESTDEUTSCHER VERLAG · KÖLN UND OPLADEN

HEFT 35
Professor Dr. W. Kast, Krefeld
Feinstrukturuntersuchungen an künstlichen Zellulosefasern verschiedener Herstellungsverfahren.
Teil I: Der Orientierungszustand
1953, 74 Seiten, 30 Abb., 7 Tabellen, DM 13,80

HEFT 36
Forschungsinstitut der feuerfesten Industrie, Bonn
Untersuchungen über die Trocknung von Rohton
Untersuchungen über die chemische Reinigung von Silika- und Schamotte-Rohstoffen mit chlorhaltigen Gasen
1953, 60 Seiten, 5 Abb., 5 Tabellen, DM 11,—

HEFT 37
Forschungsinstitut der feuerfesten Industrie, Bonn
Untersuchungen über den Einfluß der Probenvorbereitung auf die Kaltdruckfestigkeit feuerfester Steine
1953, 40 Seiten, 2 Abb., 5 Tabellen, DM 7,80

HEFT 38
Forschungsstelle für Acetylen, Dortmund
Untersuchungen über die Trocknung von Acetylen zur Herstellung von Dissousgas
1953, 36 Seiten, 11 Abb., 3 Tabellen, DM 6,80

HEFT 39
Forschungsgesellschaft Blechverarbeitung e. V., Düsseldorf
Untersuchungen an prägegemusterten und vorgelochten Blechen
1953, 46 Seiten, 34 Abb., DM 9,50

HEFT 40
Landesgeologe Dr.-Ing. W. Wolff, Amt für Bodenforschung, Krefeld
Untersuchungen über die Anwendbarkeit geophysikalischer Verfahren zur Untersuchung von Spateisengängen im Siegerland
1953, 46 Seiten, 8 Abb., DM 8,80

HEFT 41
Techn.-Wissenschaftl. Büro für die Bastfaserindustrie, Bielefeld
Untersuchungsarbeiten zur Verbesserung des Leinenwebstuhles II
1953, 40 Seiten, 4 Abb., 5 Tabellen, DM 7,80

HEFT 42
Professor Dr. B. Helferich, Bonn
Untersuchungen über Wirkstoffe — Fermente — in der Kartoffel und die Möglichkeit ihrer Verwendung
1953, 58 Seiten, 9 Abb., DM 11,—

HEFT 43
Forschungsgesellschaft Blechverarbeitung e. V., Düsseldorf
Forschungsergebnisse über das Beizen von Blechen
1953, 48 Seiten, 38 Abb., 2 Tabellen, DM 11,30

HEFT 44
Arbeitsgemeinschaft für praktische Dehnungsmessung, Düsseldorf
Eigenschaften und Anwendungen von Dehnungsmeßstreifen
1953, 68 Seiten, 43 Abb., 2 Tabellen, DM 13,70

HEFT 45
Losenhausenwerk Düsseldorfer Maschinenbau AG., Düsseldorf
Untersuchungen von störenden Einflüssen auf die Lastgrenzenanzeige von Dauerschwingprüfmaschinen
1953, 36 Seiten, 11 Abb., 3 Tabellen, DM 7,25

HEFT 46
Prof. Dr. W. Fuchs, Aachen
Untersuchungen über die Aufbereitung von Wasser für die Dampferzeugung in Benson-Kesseln
1953, 58 Seiten, 18 Abb., 9 Tabellen, DM 11,20

HEFT 47
Prof. Dr.-Ing. K. Krekeler, Aachen
Versuche über die Anwendung der induktiven Erwärmung zum Sintern von hochschmelzenden Metallen sowie zur Anlegierung und Vergütung von aufgespritzten Metallschichten mit dem Grundwerkstoff
1954, 66 Seiten, 39 Abb., DM 13,90

HEFT 48
Max-Planck-Institut für Eisenforschung, Düsseldorf
Spektrochemische Analyse der Gefügebestandteile in Stählen nach ihrer Isolierung
1953, 38 Seiten, 8 Abb., 5 Tabellen, DM 7,80

HEFT 49
Max-Planck-Institut für Eisenforschung, Düsseldorf
Untersuchungen über Ablauf der Desoxydation und die Bildung von Einschlüssen in Stählen
1953, 52 Seiten, 19 Abb., 3 Tabellen, DM 12,40

HEFT 50
Max-Planck-Institut für Eisenforschung, Düsseldorf
Flammenspektralanalytische Untersuchung der Ferritzusammensetzung in Stählen
1953, 44 Seiten, 15 Abb., 4 Tabellen, DM 8,60

HEFT 51
Verein zur Förderung von Forschungs- und Entwicklungsarbeiten in der Werkzeugindustrie e. V., Remscheid
Untersuchungen an Kreissägeblättern für Holz, Fehler- und Spannungsprüfverfahren
1953, 50 Seiten, 23 Abb., DM 10,—

HEFT 52
Forschungsstelle für Acetylen, Dortmund
Untersuchungen über den Umsatz bei der explosiblen Zersetzung von Azetylen
a) Zersetzung von gasförmigem Azetylen
b) Zersetzung von an Silikagel adsorbiertem Azetylen
1954, 48 Seiten, 8 Abb., 10 Tabellen, DM 9,25

HEFT 53
Professor Dr.-Ing. H. Opitz, Aachen
Reibwert und Verschleißmessungen an Kunststoffgleitführungen für Werkzeugmaschinen
1954, 38 Seiten, 18 Abb., DM 8,20

HEFT 54
Professor Dr.-Ing. F. A. F. Schmidt, Aachen
Schaffung von Grundlagen für die Erhöhung der spez. Leistung und Herabsetzung des spez. Brennstoffverbrauches bei Ottomotoren mit Teilbericht über Arbeiten an einem neuen Einspritzverfahren
1954, 34 Seiten, 15 Abb., DM 7,40

HEFT 55
Forschungsgesellschaft Blechverarbeitung e. V. Düsseldorf
Chemisches Glänzen von Messing und Neusilber
1954, 50 Seiten, 21 Abb., 1 Tabelle, DM 10,20

HEFT 56
Forschungsgesellschaft Blechverarbeitung e. V., Düsseldorf
Untersuchungen über einige Probleme der Behandlung von Blechoberflächen
1954, 52 Seiten, 42 Abb., DM 11,20

HEFT 57
Prof. Dr.-Ing. F. A. F. Schmidt, Aachen
Untersuchungen zur Erforschung des Einflusses des chemischen Aufbaues der Kraftstoffes auf sein Verhalten im Motor und in Brennkammern von Gasturbinen
1954, 70 Seiten, 32 Abb., DM 14,60

HEFT 58
Gesellschaft für Kohlentechnik mbH., Dortmund
Herstellung und Untersuchung von Steinkohlenschwelteer
1954, 74 Seiten, 9 Abb., 9 Tabellen, DM 13,75

HEFT 59
Forschungsinstitut der Feuerfest-Industrie e. V., Bonn
Ein Schnellanalysenverfahren zur Bestimmung von Aluminiumoxyd, Eisenoxyd und Titanoxyd in feuerfestem Material mittels organischer Farbreagenzien auf photometrischem Wege
Untersuchungen des Alkali-Gehaltes feuerfester Stoffe mit dem Flammenphotometer nach Riehm-Lange
1954, 62 Seiten, 12 Abb., 3 Tabellen, DM 11,60

HEFT 60
Forschungsgesellschaft Blechverarbeitung e. V., Düsseldorf
Untersuchungen über das Spritzlackieren im elektrostatischen Hochspannungsfeld
1954, 82 Seiten, 53 Abb., 7 Tabellen, DM 17,—

HEFT 61
Verein zur Förderung von Forschungs- und Entwicklungsarbeiten in der Werkzeugindustrie e. V., Remscheid
Schwingungs- und Arbeitsverhalten von Kreissägeblättern für Holz
1954, 54 Seiten, 31 Abb., DM 11,40

HEFT 62
Professor Dr. W. Franz, Institut für theoretische Physik der Universität Münster
Berechnung des elektrischen Durchschlags durch feste und flüssige Isolatoren
1954, 36 Seiten, DM 7,—

HEFT 63
Textilforschungsanstalt Krefeld
Neue Methoden zur Untersuchung der Wirkungsweise von Textilhilfsmitteln
Untersuchungen über Schlichtungs- und Entschlichtungsvorgänge
1954, 34 Seiten, 1 Abb., 5 Tabellen, DM 6,80

HEFT 64
Textilforschungsanstalt Krefeld
Die Kettenlängenverteilung von hochpolymeren Faserstoffen
Über die fraktionierte Fällung von Polyamiden
1954, 44 Seiten, 13 Abb., DM 8,60

HEFT 65
Fachverband Schneidwarenindustrie, Solingen
Untersuchungen über das elektrolytische Polieren von Tafelmesserklingen aus rostfreiem Stahl
1954, 90 Seiten, 38 Abb., 9 Tabellen, DM 17,35

HEFT 66
Dr.-Ing. P. Füsgen VDI †, Düsseldorf
Untersuchungen über das Auftreten des Ratterns bei selbsthemmenden Schneckengetrieben und seine Verhütung
1954, 32 Seiten, 5 Abb., DM 6,60

HEFT 67
Heinrich Wösthoff o. H. G., Apparatebau, Bochum
Entwicklung einer chemisch-physikalischen Apparatur zur Bestimmung kleinster Kohlenoxyd-Konzentrationen
1954, 94 Seiten, 48 Abb., 2 Tabellen, DM 18,25

HEFT 68
Kohlenstoffbiologische Forschungsstation e. V., Essen
Algengroßkulturen im Sommer 1952
II. Über die unsterile Großkultur von Scenedesmus obliquus
1954, 62 Seiten, 3 Abb., 29 Tabellen, DM 11,40

HEFT 69
Wäschereiforschung Krefeld
Bestimmung des Faserabbaues bei Leinen unter besonderer Berücksichtigung der Leinengarnbleiche
1954, 48 Seiten, 15 Abb., 3 Tabellen, DM 9,60

HEFT 70
Wäschereiforschung Krefeld
Trocknen von Wäschestoffen
1954, 52 Seiten, 18 Abb., 3 Tabellen, DM 10,—

HEFT 71
Prof. Dr.-Ing. K. Leist, Aachen
Kleingasturbinen, insbesondere zum Fahrzeugantrieb
1954, 114 Seiten, 85 Abb., DM 22,—

HEFT 72
Prof. Dr.-Ing. K. Leist, Aachen
Beitrag zur Untersuchung von stehenden geraden Turbinengittern mit Hilfe von Druckverteilungsmessungen
1954, 152 Seiten, 111 Abb., DM 36,20

HEFT 73
Prof. Dr.-Ing. K. Leist, Aachen
Spannungsoptische Untersuchungen von Turbinenschaufelfüßen
1954, 66 Seiten, 46 Abb., 2 Tabellen, DM 14,60

HEFT 74
Max-Planck-Institut für Eisenforschung, Düsseldorf
Versuche zur Klärung des Umwandlungsverhaltens eines sonderkarbidbildenden Chromstahls
1954, 58 Seiten, 10 Abb., DM 14,—

HEFT 75
Max-Planck-Institut für Eisenforschung, Düsseldorf
Zeit-Temperatur-Umwandlungs-Schaubilder als Grundlage der Wärmebehandlung der Stähle
1954, 44 Seiten, 13 Abb., DM 8,70

HEFT 76
Max-Planck-Institut für Arbeitsphysiologie, Dortmund
Arbeitstechnische und arbeitsphysiologische Rationalisierung von Mauersteinen
1954, 52 Seiten, 12 Abb., 3 Tabellen, DM 10,20

HEFT 77
Meteor Apparatebau Paul Schmeck GmbH., Siegen
Entwicklung von Leuchtstoffröhren hoher Leistung
1954, 46 Seiten, 12 Abb., 2 Tabellen, DM 9,15

HEFT 78
Forschungsstelle für Acetylen, Dortmund
Über die Zustandsgleichung des gasförmigen Acetylens und das Gleichgewicht Acetylen — Aceton
1954, 42 Seiten, 3 Abb., 8 Tabellen, DM 8,—

HEFT 79
Techn.-Wissenschaftl. Büro für die Bastfaserindustrie, Bielefeld
Trocknung von Leinengarnen III
Spinnspulen- und Spinnkopstrocknung
Vorgang und Einwirkung auf die Garnqualität
1954, 74 Seiten, 18 Abb., 10 Tabellen, DM 14,—

WESTDEUTSCHER VERLAG · KÖLN UND OPLADEN

HEFT 80
Techn.-Wissenschaftl. Büro für die Bastfaserindustrie, Bielefeld
Die Verarbeitung von Leinengarn auf Webstühlen mit und ohne Oberbau
1954, 30 Seiten, 2 Abb., 2 Tabellen, DM 6,—

HEFT 81
Prüf- und Forschungsinstitut für Ziegeleierzeugnisse, Essen-Kray
Die Einführung des großformatigen Einheits-Gitterziegels im Lande Nordrhein-Westfalen
1954, 54 Seiten, 2 Abb., 2 Tabellen, DM 10,—

HEFT 82
Vereinigte Aluminium-Werke AG., Bonn
Forschungsarbeiten auf dem Gebiet der Veredelung von Aluminium-Oberflächen
1954, 46 Seiten, 34 Abb., DM 9,60

HEFT 83
Prof. Dr. S. Strugger, Münster
Über die Struktur der Proplastiden
1954, 30 Seiten, 15 Abb., DM 8,40

HEFT 84
Dr. H. Baron, Düsseldorf
Über Standardisierung von Wundtextilien
1954, 32 Seiten, DM 6,40

HEFT 85
Textilforschungsanstalt Krefeld
Physikalische Untersuchungen an Fasern, Fäden, Garnen und Geweben:
Untersuchungen am Knickscheuergerät nach Weltzien
1954, 40 Seiten, 11 Abb., 8 Tabellen, DM 10,—

HEFT 86
Prof. Dr.-Ing. H. Opitz, Aachen
Untersuchungen über das Fräsen von Baustahl sowie über den Einfluß des Gefüges auf die Zerspanbarkeit
1954, 108 Seiten, 73 Abb., 7 Tabellen, DM 22,—

HEFT 87
Gemeinschaftsausschuß Verzinken, Düsseldorf
Untersuchungen über Güte von Verzinkungen
1954, 68 Seiten, 56 Abb., 3 Tabellen, DM 15,30

HEFT 88
Gesellschaft für Kohlentechnik mbH., Dortmund-Eving
Oxydation von Steinkohle mit Salpetersäure
1954, 62 Seiten, 2 Abb., 1 Tabelle, DM 11,50

HEFT 89
Verein Deutscher Ingenieure, Gleitlagerforschung, Düsseldorf
und Prof. Dr.-Ing. G. Vogelpohl, Göttingen
Versuche mit Preßstoff-Lagern für Walzwerke
1954, 70 Seiten, 34 Abb., DM 14,10

HEFT 90
Forschungs-Institut der Feuerfest-Industrie, Bonn
Das Verhalten von Silikasteinen im Siemens-Martin-Ofengewölbe
1954, 46 Seiten, 15 Abb., 11 Tabellen, DM 11,90

HEFT 91
Forschungs-Institut der Feuerfest-Industrie, Bonn
Untersuchungen des Zusammenhangs zwischen Leistung und Kohlenverbrauch in Kammeröfen zum Brennen von feuerfesten Materialien
1954, 42 Seiten, 6 Abb., DM 8,30

HEFT 92
Techn.-Wissenschaftl. Büro für die Bastfaserindustrie, Bielefeld
und Laboratorium für textile Meßtechnik, M.-Gladbach
Messungen von Vorgängen am Webstuhl
1954, 76 Seiten, 45 Abb., DM 15,50

HEFT 93
Prof. Dr. W. Kast, Krefeld
Spinnversuche über die Strukturerfassung künstlicher Zellulosefasern
1954, 82 Seiten, 39 Abb., 6 Tabellen, DM 16,—

HEFT 94
Prof. Dr. G. Winter, Bonn
Die Heilpflanzen des MATTHIOLUS (1611) gegen Infektionen der Harnwege und Verunreinigung der Wunden bzw. zur Förderung der Wundheilung im Lichte der Antibiotikaforschung
1954, 58 Seiten, 1 Abb., 2 Tabellen, DM 11,50

HEFT 95
Prof. Dr. G. Winter, Bonn
Untersuchungen über die flüchtigen Antibiotika aus der Kapuziner- (Tropaeolum maius) und Gartenkresse (Lepidium sativum) und ihr Verhalten im menschlichen Körper bei Aufnahme von Kapuziner- bzw. Gartenkressensalat per os
1955, 74 Seiten, 9 Abb., 25 Tabellen, DM 14,—

HEFT 96
Dr.-Ing. P. Koch, Dortmund
Austritt von Exoelektronen aus Metalloberflächen unter Berücksichtigung der Verwendung des Effektes für die Materialprüfung
1954, 34 Seiten, 13 Abb., DM 7,—

HEFT 97
Ing. H. Stein, Laboratorium für textile Meßtechnik, M.-Gladbach
Untersuchung der Verzugsvorgänge an den Streckwerken verschiedener Spinnereimaschinen
2. Bericht: Ermittlung der Haft-Gleiteigenschaften von Faserbändern und Vorgarnen
1955, 98 Seiten, 54 Abb., DM 21,—

HEFT 98
Fachverband Gesenkschmieden, Hagen
Die Arbeitsgenauigkeit beim Gesenkschmieden unter Hämmern
1955, 132 Seiten, 55 Abb., 9 Tabellen, DM 24,75

HEFT 99
Prof. Dr.-Ing. G. Garbotz, Aachen
Der Kraft- und Arbeitsaufwand sowie die Leistungen beim Biegen von Bewehrungsstählen in Abhängigkeit von den Abmessungen, den Formen und der Güte der Stähle (Ermittlung von Leistungsrichtlinien)
1955, 136 Seiten, 53 Abb., 3 Anlagen, 18 Tabellen, DM 30,—

HEFT 100
Prof. Dr.-Ing. H. Opitz, Aachen
Untersuchungen von elektrischen Antrieben, Steuerungen und Regelungen an Werkzeugmaschinen
1955, 166 Seiten, 71 Abb., 3 Tabellen, DM 31,30

HEFT 101
Prof. Dr.-Ing. H. Opitz, Aachen
Wirtschaftlichkeitsbetrachtungen beim Außenrundschleifen
1955, 100 Seiten, 56 Abb., 3 Tabellen, DM 19,30

HEFT 102
Dr. P. Hölemann, Ing. R. Hasselmann und Ing. G. Dix, Dortmund
Untersuchungen über die thermische Zündung von explosiblen Acetylenzersetzungen in Kapillaren
1954, 44 Seiten, 5 Abb., 4 Tabellen, DM 8,60

HEFT 103
Prof. Dr. W. Weizel, Bonn
Durchführung von experimentellen Untersuchungen über den zeitlichen Ablauf von Funken in komprimierten Edelgasen sowie zu deren mathematischen Berechnung
1955, 46 Seiten, 12 Abb., DM 9,10

HEFT 104
Prof. Dr. W. Weizel, Bonn
Über den Einfluß der Elektroden auf die Eigenschaften von Cadmium-Sulfid-Widerstands-Photozellen
1955, 48 Seiten, 12 Abb., DM 9,45

HEFT 105
Dr.-Ing. R. Meldau, Harsewinkel/Westf.
Auswertung von Gekörn — Analysen des Musterstaubes „Flugasche Fortuna I"
1955, 42 Seiten, 14 Abb., DM 8,50

HEFT 106
ORR. Dr.-Ing. W. Küch, Dortmund
Untersuchungen über die Einwirkung von feuchtigkeitsgesättigter Luft auf die Festigkeit von Leimverbindungen
1954, 60 Seiten, 10 Abb., 6 Tabellen, DM 11,40

HEFT 107
Prof. Dr. H. Lange und Dipl.-Phys. P. St. Pütter, Köln
Über die Konstruktion von Laboratoriumsmagneten
1955, 66 Seiten, 19 Abb., 1 Tabelle, DM 12,30

HEFT 108
Prof. Dr. W. Fuchs, Aachen
Untersuchungen über neue Beizmethoden und Beizabwässer
I. Die Entzunderung von Drähten mit Natriumhydrid
II. Die Aufbereitung von Beizabwässern
1955, 82 Seiten, 15 Abb., 14 Tabellen, 1 Falttafel, DM 15,25

HEFT 109
Dr. P. Hölemann und Ing. R. Hasselmann, Dortmund
Untersuchungen über die Löslichkeit von Azetylen in verschiedenen organischen Lösungsmitteln
1954, 42 Seiten, 10 Abb., 8 Tabellen, DM 8,30

HEFT 110
Dr. P. Hölemann und Ing. R. Hasselmann, Dortmund
Untersuchungen über den Druckverlauf bei der explosiblen Zersetzung von gasförmigem Azetylen
1955, 54 Seiten, 10 Abb., 5 Tabellen, DM 11,—

HEFT 111
Fachverband Steinzeugindustrie, Köln
Die Entwicklung eines Gerätes zur Beschickung seitlicher Feuer von Steinzeug-Einzelkammeröfen mit festen Brennstoffen
1955, 46 Seiten, 16 Abb., DM 9,40

HEFT 112
Prof. Dr.-Ing. H. Opitz, Aachen
Verschleißmessungen beim Drehen mit aktivierten Hartmetallwerkzeugen
1954, 44 Seiten, 17 Abb., 6 Tabellen, DM 8,80

HEFT 113
Prof. Dr. O. Graf, Dortmund
Erforschung der geistigen Ermüdung und nervösen Belastung: Studien über die vegetative 24-Stunden-Rhythmik in Ruhe und unter Belastung
1955, 40 Seiten, 12 Abb., DM 8,20

HEFT 114
Prof. Dr. O. Graf, Dortmund
Studien über Fließarbeitsprobleme an einer praxisnahen Experimentieranlage
1954, 34 Seiten, 6 Abb., DM 7,—

HEFT 115
Prof. Dr. O. Graf, Dortmund
Studium über Arbeitspausen in Betrieben bei freier und zeitgebundener Arbeit (Fließarbeit) und ihre Auswirkung auf die Leistungsfähigkeit
1955, 50 Seiten, 13 Abb., 2 Tabellen, DM 9,80

HEFT 116
Prof. Dr.-Ing. E. Siebel und Dr.-Ing. H. Weiss, Stuttgart
Untersuchungen an einigen Problemen des Tiefziehens — I. Teil
1955, 74 Seiten, 50 Abb., 5 Tabellen, DM 14,50

HEFT 117
Dr.-Ing. H. Beißwänger, Stuttgart, und Dr.-Ing. S. Schwandt, Trier
Untersuchungen an einigen Problemen des Tiefziehens — II. Teil
1955, 92 Seiten, 34 Abb., 8 Tabellen, DM 17,70

HEFT 118
Prof. Dr. E. A. Müller und Dr. H. G. Wenzel, Dortmund
Neuartige Klima-Anlage zur Erzeugung ungleicher Luft- und Strahlungstemperaturen in einem Versuchsraum
1955, 68 Seiten, 10 z. T. mehrfarb. Abb., DM 14,—

HEFT 119
Dr.-Ing. O. Viertel, Krefeld
Wäscherei- und energietechnische Untersuchung einer Gemeinschafts-Waschanlage
1955, 50 Seiten, 18 Abb., DM 10,20

HEFT 120
Dipl.-Ing. A. Weisbecker, Lüdenscheid
Über Anfressung an Reinstaluminium-Schweißnähten bei der elektrolytischen Oxydation
Gebr. Hörstermann GmbH., Velbert
Entwicklung und Erprobung eines neuartigen Gummibandförderers
1955, 46 Seiten, 18 Abb., DM 9,70

HEFT 121
Dr. H. Krebs, Bonn
I. Die Struktur und die Eigenschaften der Halbmetalle
II. Die Bestimmung der Atomverteilung in amorphen Substanzen
III. Die chemische Bindung in anorganischen Festkörpern und das Entstehen metallischer Eigenschaften
1955, 124 Seiten, 36 Abb., 13 Tabellen, DM 22,90

HEFT 122
Prof. Dr. W. Fuchs, Aachen
Untersuchungen zur Verbesserung der Wasseraufbereitung und Wasseranalyse:
Über die Schnellbewertung von Ionenaustauscher
1955, 62 Seiten, 32 Abb., DM 12,30

HEFT 123
Dipl.-Ing. J. Emondts, Aachen
Über Bodenverformungen bei stark gestörtem und mächtigem, wasserführendem Deckgebirge im Aachener Steinkohlengebiet
1955, 196 Seiten, 37 Abb., 10 Tabellen, DM 28,80

HEFT 124
Prof. Dr. R. Seyffert, Köln
Wege und Kosten der Distribution der Hausratwaren im Lande Nordrhein-Westfalen
1955, 74 Seiten, 25 Tabellen, DM 9,—

WESTDEUTSCHER VERLAG · KÖLN UND OPLADEN

HEFT 125
Prof. Dr. E. Kappler, Münster
Eine neue Methode zur Bestimmung von Kondensations-Koeffizienten von Wasser
1955, 46 Seiten, 11 Abb., 1 Tabelle, DM 9,10

HEFT 126
Prof. Dr.-Ing. J. Mathieu, Aachen
Arbeitszeitvergleich
Grundlagen, Methodik und praktische Durchführung
1955, 70 Seiten, DM 13,—

HEFT 127
Güteschutz Betonstein e. V.,
Arbeitskreis Nordrhein-Westfalen, Dortmund
Die Betonwaren-Gütesicherung im Lande Nordrhein-Westfalen
1955, 58 Seiten, 15 Abb., 3 Tabellen, DM 11,50

HEFT 128
Prof. Dr. O. Schmitz-DuMont, Bonn
Untersuchungen über Reaktionen in flüssigem Ammoniak
1955, 96 Seiten, 11 Abb., 6 Tabellen, DM 17,75

HEFT 129
Prof. Dr.-Ing. J. Mathieu und Dr. C. A. Roos, Aachen
Die Anlernung von Industriearbeitern
I. Ergebnisse einer grundsätzlichen Untersuchung der gegenwärtigen Industriearbeiter-Kurzanlernung
1955, 106 Seiten, DM 19,70

HEFT 130
Prof. Dr.-Ing. J. Mathieu und Dr. C. A. Roos, Aachen
Die Anlernung von Industriearbeitern
II. Beiträge zur Methodenfrage der Kurzanlernung
1955, 108 Seiten, DM 19,90

HEFT 131
Dr. W. Hoerburger, Köln
Versuche zur Biosynthese von Eiweiß aus Kohlenwasserstoff
1955, 34 Seiten, 2 Abb., DM 6,90

HEFT 132
Prof. Dr. W. Seith, Münster
Über Diffusionserscheinungen in festen Metallen
1955, 42 Seiten, 19 Abb., 4 Tabellen, DM 9,10

HEFT 133
Prof. Dr. E. Jenckel, Aachen
Über einen für Schwermetalle selektiven Ionenaustauscher
1955; 48 Seiten, 8 Abb., 13 Tabellen, DM 9,50

HEFT 134
Prof. Dr.-Ing. H. Winterhager, Aachen
Über die elektrochemischen Grundlagen der Schmelzfluß-Elektrolyse von Bleisulfid in geschmolzenen Mischungen mit Bleichlorid
1955, 54 Seiten, 20 Abb., 5 Tabellen, DM 11,80

HEFT 135
Prof. Dr.-Ing. K. Krekeler und Dr.-Ing. H. Peukert, Aachen
Die Änderung der mechanischen Eigenschaften thermoplastischer Kunststoffe durch Warmrecken
1955, 54 Seiten, 27 Abb., DM 11,10

HEFT 136
Dipl.-Phys. P. Pilz, Remscheid
Über spezielle Probleme der Zerkleinerungstechnik von Weichstoffen
1955, 58 Seiten, 19 Abb., 2 Tabellen, DM 11,50

HEFT 137
Prof. Dr. W. Baumeister, Münster
Beiträge zur Mineralstoffernährung der Pflanzen
1955, 64 Seiten, 6 Tabellen, DM 11,80

HEFT 138
Dr. P. Hölemann und Ing. R. Hasselmann, Dortmund
Untersuchungen über die Zersetzungswärme von gasförmigem und in Azeton gelöstem Azetylen
1955, 54 Seiten, 8 Abb., 7 Tabellen, DM 10,40

HEFT 139
Prof. Dr. W. Fuchs, Aachen
Studien über die thermische Zersetzung der Kohle und die Kohlendestillatprodukte
1955, 64 Seiten, 20 Abb., 22 Tabellen, DM 11,80

HEFT 140
Dr.-Ing. G. Hausberg, Essen
Modellversuche an Zyklonen
1955, 78 Seiten, 24 Abb., DM 15,70

HEFT 141
Dr. J. van Calker und Dr. R. Wienecke, Münster
Untersuchungen über den Einfluß dritter Analysenpartner auf die spektrochemische Analyse
1955, 42 Seiten, 15 Abb., DM 9,10

HEFT 142
Dipl.-Ing. G. M. F. Wiebel, Hannover, A. Konermann und A. Ottenheym, Sennelager
Entwicklung eines Kalksandleichtsteines
1955, 38 Seiten, 4 Abb., DM 8,—

HEFT 143
Prof. Dr. F. Wever, Dr. A. Rose und Dipl.-Ing. W. Straßburg, Düsseldorf
Härtbarkeit und Umwandlungsverhalten der Stähle
1955, 50 Seiten, 12 Abb., 3 Tabellen, DM 10,70

HEFT 144
Prof. Dr. H. Wurmbach, Bonn
Steuerung von Wachstum und Formbildung
1955, 48 Seiten, 19 Abb., DM 10,30

HEFT 145
Dr. G. Hennemann, Werdohl (Westf.)
Beitrag zur Interpretation der modernen Atomphysik
1955, 34 Seiten, DM 10,—

HEFT 146
Dr.-Ing. F. Gruß, Düsseldorf
Sterilisation mit Heißluft
1955, 34 Seiten, 10 Abb., DM 7,70

HEFT 147
Dr.-Ing. W. Rudisch, Unna
Untersuchung einer drehelastischen Elektromagnet-Synchronkupplung
1955, 82 Seiten, 65 Abb., DM 17,70

HEFT 148
Prof. Dr. H. Bittel u. Dipl.-Phys. L. Storm, Münster
Untersuchungen über Widerstandsrauschen
1955, 40 Seiten, 5 Abb., DM 8,40

HEFT 149
Dipl.-Ing. K. Konopicky und Dipl.-Chem. P. Kampa, Bonn
I. Beitrag zur flammenphotometrischen Bestimmung des Calciums.
Dr.-Ing. K. Konopicky, Bonn
II. Die Wanderung von Schlackenbestandteilen in feuerfesten Baustoffen
1955, 54 Seiten, 10 Abb., 5 Tabellen, DM 11,—

HEFT 150
Prof. Dr.-Ing. O. Kienzle und Dipl.-Ing. W. Timmerbeil, Hannover
Das Durchziehen enger Kragen an ebenen Fein- und Mittelblechen
1955, 52 Seiten, 20 Abb., 8 Tabellen, DM 11,30

HEFT 151
Dipl.-Ing. P. Karabasch, Aachen
Feststellung des optimalen Gasgehaltes von Bronzen zur Erzielung druckdichter Gußstücke
1956, 64 Seiten, 31 Abb., 5 Tabellen, DM 13,90

HEFT 152
Dipl.-Ing. G. Müller, Köln
Ermittlung der Laufeigenschaften (Vergießbarkeit) von Bronze und Rotguß mittels der Schneider-Gießspirale
1955, 60 Seiten, 33 Abb., DM 13,30

HEFT 153
Prof. Dr. F. Wever, Dr.-Ing. W. A. Fischer und Dipl.-Ing. J. Engelbrecht, Düsseldorf
I. Die Reduktion sauerstoffhaltiger Eisenschmelzen im Hochvakuum mit Wasserstoff und Kohlenstoff
II. Einfluß geringer Sauerstoffgehalte auf das Gefüge und Alterungsverhalten von Reineisen
1955, 54 Seiten, 15 Abb., 2 Tabellen, DM 12,40

HEFT 154
Prof. Dr.-Ing. P. Bardenheuer und Dr.-Ing. W. A. Fischer, Düsseldorf
Die Verschlackung von Titan aus Stahlschmelzen im sauren und basischen Hochfrequenzofen unter verschiedenen Schlacken
1955, 36 Seiten, 10 Abb., 1 Tabelle, DM 7,95

HEFT 155
Dipl.-Phys. K. H. Schirmer, München
Die auf Grau abgestimmte Farbwiedergabe im Dreifarbenbuchdruck
1955, 46 Seiten, 17 Abb., 2 Farbtafeln, DM 10,—

HEFT 156
Prof. Dr.-Ing. B. von Borries und Mitarbeiter, Düsseldorf
Die Entwicklung regelbarer permanentmagnetischer Elektronenlinsen hoher Brechkraft und eines mit ihnen ausgerüsteten Elektronenmikroskopes neuer Bauart
1956, 102 Seiten, 52 Abb., DM 22,55

HEFT 157
Dr. W. Jawtusch, Dr. G. Schuster und Prof. Dr.-Ing. R. Jaeckel, Bonn
Untersuchungen über die Stoßvorgänge zwischen neutralen Atomen und Molekülen
1955, 48 Seiten, 15 Abb., 3 Tabellen, DM 10,50

HEFT 158
Dipl.-Ing. W. Rosenkranz, Meinerzhagen
Ein Beitrag zum Problem der Spannungskorrosion bei Preßprofilen und Preßteilen aus Aluminium-Legierungen
1956, 112 Seiten, 61 Abb., 5 Tabellen, DM 27,40

HEFT 159
Dr.-Ing. O. Viertel und O. Oldenroth, Krefeld
Das Bleichen von Weißwäsche mit Wasserstoffsuperoxyd bzw. Natriumhypochlorit beim maschinellen Waschen
1955, 54 Seiten, 23 Abb., 2 Tabellen, DM 11,45

HEFT 160
Prof. Dr. W. Klemm, Münster
Über neue Sauerstoff- und Fluor-haltige Komplexe
1955, 50 Seiten, 13 Abb., 7 Tabellen, DM 10,80

HEFT 161
Prof. Dr. W. Weltzien und Dr. G. Hauschild, Krefeld
Über Silikone und ihre Anwendung in der Textilveredlung
1955, 162 Seiten, 22 Abb., 10 Tabellen, DM 27,—

HEFT 162
Prof. Dr. F. Wever, Prof. Dr. A. Kochendörfer und Dr.-Ing. Chr. Rohrbach, Düsseldorf
Kennzeichnung der Sprödbruchneigung von Stählen durch Messung der Fließspannung, Reißspannung und Brucheinschnürung an dreiachsig beanspruchten Proben
1955, 58 Seiten, 26 Abb., DM 13,—

HEFT 163
Dipl.-Ing. W. Rohs und Text.-Ing. H. Griese, Bielefeld
Untersuchungsarbeiten zur Verbesserung des Leinenwebstuhls III
1955, 80 Seiten, 15 Abb., 18 Tabellen, DM 15,80

HEFT 164
Dr.-Ing. H. Schmachtenberg, Köln
Neuartige Prüfeinrichtungen für Kraftfahrzeuge
1955, 44 Seiten, 23 Abb., DM 9,60

HEFT 165
Dr.-Ing. W. Wilhelm, Aachen
Instationäre Gasströmung im Auspuffsystem eines Zweitaktmotors
1955, 62 Seiten, 31 Abb., 8 Tabellen, DM 13,60

HEFT 166
Prof. Dr. M. v. Stackelberg, Dr. H. Heindze, Dr. H. Hübschke und Dr. K. H. Frangen, Bonn
Kolloidchemische Untersuchungen
1955, 106 Seiten, 8 Abb., 13 Tabellen, DM 21,25

HEFT 167
Prof. Dr.-Ing. F. Schuster, Essen
I. Die Heißkarburierung von Brenngasen mit Ölen und Teeren
II. Die Strahlungsvorgänge in brennstoffbeheizten Öfen bei verschiedenen Verbrennungsatmosphären
1955, 38 Seiten, 8 Abb., DM 8,30

HEFT 168
Prof. Dr.-Ing. F. Schuster, Essen
I. Luftvorwärmung an Gasfeuerungen
II. Heizwerthöhe von Brenngasen und Wirkungsgrad sowie Gasverbrauch bei der Gasverwendung
III. Sauerstoffangereicherte Luft und feuerungstechnische Kenngrößen von Brenngasen
1955, 60 Seiten, 18 Abb., DM 12,50

HEFT 169
Forschungsinstitut für Pigmente und Lacke, Stuttgart
Arbeiten über die Bestimmung des Gebrauchswertes von Lackfilmen durch physikalische Prüfungen
1955, 70 Seiten, 23 Abb., 4 Tabellen, DM 15,—

HEFT 170
Prof. Dr. F. Wever, Dr. A. Rose und Dipl.-Ing. L. Rademacher, Düsseldorf
Anwendung der Umwandlungsschaubilder auf Fragen der Werkstoffauswahl beim Schweißen und Flammhärten
1955, 64 Seiten, 25 Abb., DM 13,70

WESTDEUTSCHER VERLAG · KÖLN UND OPLADEN

HEFT 171
Wäschereiforschung Krefeld
Untersuchung der Wäscheentwässerung mit Hilfe von Zentrifugen und Pressen
1955, 42 Seiten, 16 Abb., 4 Tabellen, DM 9,70

HEFT 172
Dipl.-Ing. W. Rohs, Dr.-Ing. G. Satlow und Text.-Ing. G. Heller, Bielefeld
Trocknung von Hanfgarnen. Kreuzspultrocknung
1955, 60 Seiten, 7 Abb., 4 Tabellen, DM 10,30

HEFT 173
Prof. Dr. R. Hosemann und Dipl.-Phys. G. Schoknecht, Berlin, vorgelegt durch Prof. Dr. W. Kast, Krefeld
Lichtoptische Herstellung und Diskussion der Faltungsquadrate parakristalliner Gitter
1956, 108 Seiten, 63 Abb., 6 Tabellen, DM 24,70

HEFT 174
Prof. Dr. W. von Fragstein, Dr. J. Meingast und H. Hoch, Köln
Herstellung von Solen einheitlicher Teilchengröße und Ermittlung ihrer optischen Eigenschaften
1955, 78 Seiten, 80 Abb., 4 Tabellen, DM 18,25

HEFT 175
Dr.-Ing. H. Zeller, Aachen
Beitrag zur eindimensionalen stationären und nichtstationären Gasströmung mit Reibung und Wärmeleitung insbesondere in Rohren mit unstetigen Querschnittsänderungen
1956, 138 Seiten, 56 Abb., DM 29,30

HEFT 176
Dipl.-Ing. H. Schöberl, Duisburg
Über die Methoden zur Ermittlung der Verbrennungstemperatur von Brennstoffen und ein Vorschlag zu ihrer Verbesserung
1955, 30 Seiten, 3 Abb., DM 6,50

HEFT 177
Dipl.-Ing. H. Stüdemann, Solingen, und Dr.-Ing. W. Müchler, Essen
Entwicklung eines Verfahrens zur zahlenmäßigen Bestimmung der Schneideigenschaften von Messerklingen
1956, 104 Seiten, 68 Abb., 4 Tabellen, DM 22,20

HEFT 178
Prof. Dr. M. von Stackelberg u. Dr. W. Hans, Bonn
Untersuchungen zur Ausarbeitung und Verbesserung von polarographischen Analysenmethoden
1955, 46 Seiten, 14 Abb., DM 10,50

HEFT 179
Dipl.-Ing. H. F. Reineke, Bochum
Entwicklungsarbeiten auf dem Gebiete der Meß- und Regeltechnik
1955, 46 Seiten, 10 Abb., DM 10,—

HEFT 180
Dr.-Ing. W. Piepenburg, Dipl.-Ing. B. Bühling und Bauing. J. Behnke, Köln
Putzarbeiten im Hochbau und Versuche mit aktiviertem Mörtel und mechanischem Mörtelauftrag
1955, 116 Seiten, 31 Abb., 68 Tabellen, DM 23,—

HEFT 181
Prof. Dr. W. Franz, Münster
Theorie der elektrischen Leitvorgänge in Halbleitern und isolierenden Festkörpern bei hohen elektrischen Feldern
1955, 28 Seiten, 2 Abb., 1 Tabelle, DM 6,20

HEFT 182
Dr.-Ing. P. Schenk u. Dr. K. Osterloh, Düsseldorf
Katalytisch-thermische Spaltung von gasförmigen und flüssigen Kohlenwasserstoffen zur Spitzengaserzeugung
1955, 50 Seiten, 11 Abb., 11 Tabellen, DM 10,90

HEFT 183
Dr. W. Bornheim, Köln
Entwicklungsarbeiten an Flaschen- und Ampullen-Behandlungsmaschinen für die pharmazeutische Industrie
1956, 48 Seiten, 24 Abb., DM 11,70

HEFT 184
Dr.-Ing. E. Printz, Kettwig
Vollhydraulische Parallel-Kupplung für Ackerschlepper
1955, 32 Seiten, 4 Abb., DM 7,80

HEFT 185
Dipl.-Ing. W. Rohs und Text.-Ing. G. Heller, Bielefeld
Studien an einem neuzeitlichen Kreuzspultrockner für Bastfasergarne mit Wiederbefeuchtungszone
1955, 52 Seiten, 9 Abb., 3 Tabellen, DM 10,70

HEFT 186
Dr. E. Wedekind, Krefeld
Untersuchungen zur Arbeitsbestgestaltung bei der Fertigstellung von Oberhemden in gewerblichen Wäschereien
1955, 124 Seiten, 28 Abb., 6 Tabellen, 2 Falttaf., DM 12,—

HEFT 187
Dipl.-Ing. F. Göttgens, Essen
Über die Eigenarten der Bimetall-, Thermo- und Flammenionisationssicherungsmethode in ihrer Anwendung auf Zündsicherungen
1955, 40 Seiten, 6 Abb., 4 Tabellen, DM 8,40

HEFT 188
W. Kinnebrock, Langenberg (Rhld.)
Der Einfluß des Austausches gleicher Gaskochbrenner bzw. Gaskochbrennerteile auf den Wirkungsgrad und insbesondere auf den CO-Gehalt der Verbrennungsgase
1955, 42 Seiten, 7 Tabellen, DM 8,70

HEFT 189
Fa. E. Leybold's Nachfolger, Köln
I. Ausgewählte Kapitel aus der Vakuumtechnik
II. Zum Verlust anorganisch-nichtflüchtiger Substanzen während der Gefriertrocknung
1955, 52 Seiten, 16 Abb., 3 Tabellen, DM 11,20

HEFT 190
Prof. Dr. A. Neuhaus, Prof. Dr. O. Schmitz-DuMont und Dipl.-Chem. H. Reckhard, Bonn
Zur Kenntnis der Alkalititanate
1955, 60 Seiten, 13 Abb., 1 Tabelle, DM 12,20

HEFT 191
Dr. H. Söhngen, Darmstadt
Schwingungsverhalten eines Schaufelkranzes im Vakuum
1955, 36 Seiten, 7 Abb., DM 7,80

HEFT 192
Dipl.-Phys. E. M. Schneider, München
Kohlebogenlampen für Aufnahme und Kopie
1955, 48 Seiten, 21 Abb., 3 Tabellen, DM 10,60

HEFT 193
Prof. Dr. O. Schmitz-DuMont, Bonn
Untersuchungen über neue Pigmentfarbstoffe
1956, 50 Seiten, 16 Abb., 8 Tabellen, DM 11,20

HEFT 194
Dr. K. Hecht, Köln
Entwicklung neuartiger physikalischer Unterrichtsgeräte
1955, 42 Seiten, 16 Abb., DM 9,90

HEFT 195
Dr.-Ing. E. Rößger, Köln
Gedanken über einen neuen deutschen Luftverkehr
1955, 342 Seiten, 29 Abb., 122 Tabellen, DM 50,—

HEFT 196
Dipl.-Ing. W. Rohs, und Text.-Ing. H. Griese, Bielefeld
Auswirkungen von Garnfehlern bei der Verarbeitung von Leinengarnen
1955, 36 Seiten, 3 Abb., 6 Tabellen, DM 7,80

HEFT 197
Dr. E. Wedekind, Krefeld
Untersuchungen zur Bestimmung der optimalen Arbeitsplatzgröße bei Mehrstuhlarbeit in der Weberei
1955, 92 Seiten, 34 Abb., DM 18,50

HEFT 198
Prof. Dr. J. Weissinger, Karlsruhe
Zur Aerodynamik des Ringflügels. Die Druckverteilung dünner, fast drehsymmetrischer Flügel in Unterschallströmung
1955, 42 Seiten, 5 Abb., DM 9,—

HEFT 199
Textilforschungsanstalt Krefeld
Die Messung von Gewebetemperaturen mittels Temperaturstrahlung
1955, 50 Seiten, 12 Abb., DM 10,90

HEFT 200
R. Seipenbusch, Langenberg (Rhld.)
Spitzengas durch Zusatz von Flüssiggas-Wassergas- und Flüssiggas-Generatorgas-Gemischen zu Stadtgas
1955, 48 Seiten, 21 Tabellen, DM 10,35

HEFT 201
Dr.-Ing. E. W. Pleines, Frankfurt/Main
Die Sicherheit im Luftverkehr
1956, 194 Seiten, 39 Abb., 19 Tabellen, DM 39,45

HEFT 202
Dipl.-Ing. D. Fiecke, Stuttgart/Zuffenhausen
Die Bestimmung der Flugzeugpolaren für Entwurfszwecke. I. Teil: Unterlagen
in Vorbereitung

HEFT 203
Dr. G. Wandel, Bonn
Uferbewachsung und Lebendverbauung an den Nordwestdeutschen Kanälen und ihren Zuflüssen sowie an der Ruhr
in Vorbereitung

HEFT 204
Dipl.-Ing. B. Naendorf, Langenberg (Rhld.)
Bestimmung der Brenneigenschaften und des Brennverhaltens verschiedener Gasarten und Einfluß verschiedener Düsengestaltung
1955, 32 Seiten, DM 7,10

HEFT 205
Dr. C. Schaarwächter, Düsseldorf
Über plastische Kupfer-Eisen-Phosphor-Legierungen
1956, 36 Seiten, 10 Abb., 10 Tabellen, DM 8,30

HEFT 206
Dr. P. Hölemann, Ing. R. Hasselmann und Ing. G. Dix, Dortmund
Untersuchungen über die Vorgänge bei der Zersetzung von in Azeton gelöstem Azetylen
1956, 74 Seiten, 7 Abb., 7 Tabellen, DM 15,55

HEFT 207
Prof. Dr.-Ing. H. Opitz, Dipl.-Ing. K. H. Fröhlich und Dipl.-Ing. H. Siebel, Aachen
Richtwerte für das Fräsen von unlegierten und legierten Baustählen mit Hartmetall. I. Teil
in Vorbereitung

HEFT 208
Prof. Dr.-Ing. H. Müller, Essen
Untersuchung von Elektrowärmegeräten für Laienbedienung hinsichtlich Sicherheit und Gebrauchsfähigkeit. I. Untersuchungen an Kochplatten
in Vorbereitung

HEFT 209
Dr. K. Bunge, Leverkusen
Materialabbau in Funkenentladungen. Untersuchungen an Zinkkathoden
1956, 54 Seiten, 10 Abb., 5 Tabellen, DM 11,40

HEFT 210
Dr. W. Porschen und Prof. Dr. W. Riezler, Bonn
Langlebige Alphaaktivitäten bei natürlichen Elementen
1955, 40 Seiten, 5 Abb., 4 Tabellen, DM 8,80

HEFT 211
Prof. Dipl.-Ing. W. Sturtzel und Dr.-Ing. W. Graff, Duisburg
Die Versuchsanstalt für Binnenschiffbau, Duisburg
1956, 48 Seiten, 22 Abb., DM 11,—

HEFT 212
Dipl.-Ing. H. Spodig, Selm
Untersuchung zur Anwendung der Dauermagnete in der Technik
1955, 44 Seiten, 25 Abb., DM 9,80

HEFT 213
Dipl.-Ing. K. F. Rittinghaus, Aachen
Zusammenstellung eines Meßwagens für Bau- und Raumakustik
in Vorbereitung

HEFT 214
Dr.-Ing. J. Endres, München
Berechnung der optimalen Leistungen, Kraftstoffverbräuche und Wirkungsgrade von Einkreis-Turbolader-Strahltriebwerken am Boden und in der Höhe bei Fluggeschwindigkeiten von 0–2000 km/h
1956, 72 Seiten, 18 Abb., 8 Tabellen, DM 15,40

HEFT 215
Prof. Dr.-Ing. H. Opitz und Dr.-Ing. G. Weber, Aachen
Einfluß der Wärmebehandlung von Baustählen auf Spanentstehung, Schnittkraft- und Standzeitverhalten
in Vorbereitung

HEFT 216
Dr. E. Kloth, Köln
Untersuchungen über die Ausbreitung kurzer Schallimpulse bei der Materialprüfung mit Ultraschall
1956, 90 Seiten, 60 Abb., 4 Tabellen, DM 19,40

HEFT 217
Rationalisierungskuratorium der Deutschen Wirtschaft (RKW), Frankfurt/Main
Typenvielzahl bei Haushaltgeräten und Möglichkeiten einer Beschränkung
1956, 328 Seiten, 2 Abb., 181 Tabellen, DM 49,50

HEFT 218
Dr. F. Keune, Aachen
Bericht über eine Theorie der Strömung um Rotationskörper ohne Anstellung bei Machzahl Eins
1955, 40 Seiten, 8 Abb., 5 Formelblätter, DM 8,80

HEFT 219
Prof. Dr. W. Fuchs, Aachen
Untersuchungen zur Holzabfallverwertung und zur Chemie des Lignins
1955, 54 Seiten, 11 Abb., 15 Tabellen, DM 11,40

WESTDEUTSCHER VERLAG · KÖLN UND OPLADEN

HEFT 220
Prof. Dr. W. Fuchs, Aachen
Die Entwicklung neuer Regel- und Kontroll-Apparate zur coulometrischen Analyse
1956, 76 Seiten, 17 Abb., 23 Tabellen, DM 15,50

HEFT 221
Dr. W. Meyer-Eppler, Bonn
Experimentelle Untersuchungen zum Mechanismus von Stimme und Gehör in der lautsprachlichen Kommunikation
1955, 56 Seiten, 24 Abb., DM 13,45

HEFT 222
Dr. L. Köllner, Münster, und Dipl.-Volkswirt M. Kaiser, Bochum
Die internationale Wettbewerbsfähigkeit der westdeutschen Wollindustrie
1956, 214 Seiten, DM 39,50

HEFT 223
Dr.-Ing. K. Alberti und Dr. F. Schwarz, Köln
Über das Problem Hartbrand - Weichbrand
1956, 54 Seiten, 25 Abb., 14 Tabellen, DM 12,10

HEFT 224
Dipl.-Ing. H. Stüdeman und Ing. R. Beu, Solingen
Verfahren zur Prüfung der Korrosionsbeständigkeit von Messerklingen aus rostfreiem Stahl
1956, 82 Seiten, 28 Abb., DM 16,90

HEFT 225
Dr.-Ing. E. Barz, Remscheid
Der Spannungszustand von Gattersägeblättern
in Vorbereitung

HEFT 226
Technisch-wissenschaftliches Büro für die Bastfaserindustrie, Bielefeld
Untersuchungen zur Verbesserung des Leinenwebstuhles IV
Die Wirkung verschiedener Kettbaumbremsen auf die Verwebung von Leinengarnen
1956, 64 Seiten, 9 Abb., 4 Tabellen, DM 13,50

HEFT 227
Prof. Dr. F. Wever, Düsseldorf und Dr. W. Wepner, Köln
Untersuchung der Alterungsneigung von weichen unlegierten Stählen durch Härteprüfung bei Temperaturen bis 300 Grad C
1956, 34 Seiten, 20 Abb., 3 Tabellen, DM 7,95

HEFT 228
Prof. Dr. F. Wever, Dr. W. Koch, Düsseldorf und Dr. B. A. Steinkopf, Dortmund
Spektrochemische Grundlagen der Analyse von Gemischen aus Kohlenmonoxyd, Wasserstoff und Stickstoff
in Vorbereitung

HEFT 229
Prof. Dr. F. Wever, Dr. W. Koch und Dr.-Ing. H. Malissa, Düsseldorf
Über die Anwendung disubstituierter Dithiocarbamate der analytischen Chemie
1956, 44 Seiten, 30 Abb., 5 Tabellen, DM 10,50

HEFT 230
Prof. Dr. F. Wever, Düsseldorf und Dr. W. Wepner, Köln
Bestimmung kleiner Kohlenstoffgehalte im Alpha-Eisen durch Dämpfungsmessung
1956, 34 Seiten, 5 Abb., 2 Tabellen, DM 7,70

HEFT 231
Dr.-Ing. W. Küch, Dortmund
Über die Wechselwirkung zwischen Holzschutzbehandlung und Verleimung
1956, 48 Seiten, 10 Abb., 8 Tabellen, DM 10,40

HEFT 232
Prof. Dr.-Ing. O. Kienzle, Hannover und Dr.-Ing. H. Münnich, Schweinfurt
Feststellung der Spannungen und Dehnungen und Bruchdrehzahlen der unter Fliehkraft und Bearbeitungskraft beanspruchten Schleifkörper
in Vorbereitung

HEFT 233
Dr. H. Haase, Hamburg
Infrarot-Bibliographie
1956, 90 Seiten, DM 17,80

HEFT 234
Dr.-Ing. K. G. Speith und Dr.-Ing. A. Bungeroth, Duisburg
Versuche zur Steigerung des Kokillen-Schluckvermögens beim Stranggießen von Stahl
1956, 26 Seiten, 5 Abb., DM 6,15

HEFT 235
Prof. Dr.-Ing. K. Leist und Dipl.-Ing. W. Dettmering, Aachen
Turbinenschaufeln aus Kunststoff für Kaltluftversuchsanlagen
1956, 46 Seiten, 43 Abb., 3 Tabellen, DM 12,30

HEFT 236
Dr.-Ing. O. Viertel und S. Lucas, Krefeld
Ergebnisse einer Hausfrauenbefragung über Wascheinrichtungen und Waschmethoden in städtischen Haushaltungen
1956, 34 Seiten, 4 Abb., DM 7,60

HEFT 237
Dr. P. Endler und Dr. H. Ludes, Köln
Bericht über eine Studienreise zur Orientierung der heutigen Behandlung der Lungentuberkulose in den Vereinigten Staaten von Nordamerika
1956, 32 Seiten, DM 7,10

HEFT 238
Institut für textile Meßtechnik, M.-Gladbach, e.V.
Untersuchung der Verzugsvorgänge an den Streckwerken verschiedener Spinnereimaschinen. 3. Bericht: Theoretische Betrachtungen über den Einfluß schlagender Zylinder und Druckrollen
in Vorbereitung

HEFT 239
Prof. Dr.-Ing. K. Leist und Dipl.-Ing. H. Scheele, Aachen und Dipl.-Ing. F. H. Flottmann, Herne
Versuche an einem neuartigen luftgekühlten Hochleistungs-Kolbenkompressor
in Vorbereitung

HEFT 240
Prof. Dr.-Ing. K. Leist und Dipl.-Ing. H. Scheele, Aachen
Temperaturmessungen an einem einstufigen luftgekühlten 4-Zylinder-Kolbenkompressor mit Kühlgebläse
in Vorbereitung

HEFT 241
Prof. Dr.-Ing. K. Leist und Dipl.-Ing. M. Pötke, Aachen
Leistungsversuche an einem Kühlluftgebläse
in Vorbereitung

HEFT 242
Prof. Dr.-Ing. K. Leist und Dipl.-Ing. K. Graf, Aachen
Straßenfahrzeuge mit Gasturbinenantrieb
in Vorbereitung

HEFT 243
Prof. Dr.-Ing. K. Leist und Dipl.-Ing. S. Förster, Aachen
Die französische Kleingasturbine Artouste — 1. Teil
in Vorbereitung

HEFT 244
Prof. Dr. F. Wever, Dr. W. Koch und Dr. S. Eckhard, Düsseldorf
Erfahrungen mit der spektrochemischen Analyse von Gefügebestandteilen des Stahles
1956, 32 Seiten, 8 Abb., 2 Tabellen, DM 7,80

HEFT 245
Prof. Dr.-Ing. K. Krekeler, Aachen
Das Verbinden von Metallen durch Kunstharzkleber. Teil I: Eigenschaften und Verwendung der Metallklebstoffe
1956, 48 Seiten, 8 Abb., DM 10,25

HEFT 246
Prof. Dr.-Ing. K. Krekeler, Aachen
Das Verbinden von Metallen durch Kunstharzkleber. Teil II: Untersuchungen an geklebten Leichtmetall-Verbindungen
in Vorbereitung

HEFT 247
Dr. H. Söhngen, Darmstadt
Strömung vor einem Überschall-Laufrad
1956, 26 Seiten, 4 Abb., DM 7,60

HEFT 248
Rheinische Aktiengesellschaft für Braunkohlenbergbau und Brikettfabrikation, Köln
Untersuchung der Bindemitteleigenschaften von Braunkohlenfilteraschen
in Vorbereitung

HEFT 249
Dr. M.-E. Meffert, Essen
Weitere Kulturversuche Scenedesmus obliquus
1956, 36 Seiten, 5 Abb., 10 Tabellen, DM 8,—

HEFT 250
Dr. F. Schwarz und Dr.-Ing. K. Alberti, Köln
Entwicklung von Untersuchungsverfahren zur Gütebeurteilung von Industriekalken
in Vorbereitung

HEFT 251
Prof. Dr. H. Bittel, Münster
Zur Statistik der ferromagnetischen Elementarvorgänge und ihren Einfluß auf das Barkhausenrauschen
in Vorbereitung

HEFT 252
Dipl.-Ing. H. Frings, Geilenkirchen
Die Wirkung abfallender Wetterführung auf Wettertemperatur, Grubengasgehalt und Staubbildung
in Vorbereitung

HEFT 253
Dipl.-Ing. S. Schirmanski, Berghausen
Stand und Auswertung der Forschungsarbeiten über Temperatur- und Feuchtigkeitsgrenzen bei der bergmännischen Arbeit
in Vorbereitung

HEFT 254
Prof. Dr. R. Danneel, Bonn
Quantitative Untersuchungen über die Entwicklung des Ehrlich-Ascitesturmos bei Inzuchtmäusen
in Vorbereitung

HEFT 255
Ing. B. v. Schlippe, Bad Nauheim
Strömung von Flüssigkeiten mit temperaturabhängiger Zähigkeit (Kühlung von Ölen)
1956, 54 Seiten, 12 Abb., 4 Tabellen, DM 11,70

HEFT 256
Prof. Dr. C. Schmieden und Dipl.-Math. K. H. Müller, Darmstadt
Die Strömung einer Quellstrecke im Halbraum — eine strenge Lösung der Navier-Stokes-Gleichungen
1956, 40 Seiten, 9 Abb., DM 8,80

HEFT 257
Prof. Dr. G. Lehmann und Dr. J. Tamm, Dortmund
Die Beeinflussung vegetativer Funktionen des Menschen durch Geräusche
in Vorbereitung

HEFT 258
Dr. H. Paul, Linz (Rhein) und Prof. Dr. O. Graf, Dortmund
Zur Frage der Unfälle im Bergbau
1956, 52 Seiten, 9 Abb., 22 Tabellen, DM 11,20

HEFT 259
Prof. Dr. W. Linke, Aachen
Strömungsvorgänge in künstlich belüfteten Räumen
1956, 52 Seiten, 37 Abb., 1 Tabelle, DM 11,80

HEFT 260
Prof. Dr. W. Kast, Freiburg (Br.), Prof. Dr. A. H. Stuart und Dipl.-Phys. H. G. Fendler, Hannover
Lichtzerstreuungsmessungen an Lösungen hochpolymerer Stoffe
in Vorbereitung

HEFT 261
Prof. Dr. W. Kast, Freiburg (Br.)
Feinstruktur-Untersuchungen an künstlichen Zellulosefasern verschiedener Herstellungsverfahren. Teil II: Der Kristallisationszustand
in Vorbereitung

HEFT 262
Dr.-Ing. W. Batel, Aachen
Untersuchungen zur Absiebung feuchter, feinkörniger Haufwerke und Schwingsieben
in Vorbereitung

HEFT 263
Prof. Dr. H. Lange und Dipl.-Phys. R. Kohlhaas, Köln
Über die Wärmeleitfähigkeit von Stählen bei hohen Temperaturen: Teil I: Literaturbericht
in Vorbereitung

HEFT 264
Prof. Dr. W. Weizel, Bonn
Durch schnelle Funkenzusammenbrüche ausgelöste Signale auf einer Leitung
1956, 26 Seiten, 4 Abb., 3 Tabellen, DM 6,10

HEFT 265
Prof. Dr. F. Micheel und Dr. R. Engel, Münster
Eine Apparatur zur elektrophoretischen Trennung von Stoffgemischen
in Vorbereitung

HEFT 266
Fliesen-Beratungsstelle Bad Godesberg-Mehlem
Güteeigenschaften keramischer Wand- und Bodenfliesen und deren Prüfmethoden
1956, 32 Seiten, DM 7,10

HEFT 267
Prof. Dr. W. Weizel und B. Brandt, Bonn
Zur Stabilität stromstarker Glimmentladungen
1956, 36 Seiten, 7 Abb., DM 8,40

HEFT 268
Prof. Dr.-Ing. G. Vogelpohl, Göttingen
Über die Tragfähigkeit von Gleitlagern und ihre Berechnung
in Vorbereitung

WESTDEUTSCHER VERLAG · KÖLN UND OPLADEN

HEFT 269
Markscheider R. Bals, Bochum
Eignung des Gebirgsankerausbaus zur Erleichterung des Streckenvortriebs im Steinkohlenbergbau
in Vorbereitung

HEFT 270
Dr. H. Krebs und Mitarbeiter, Bonn
Die Trennung von Racematen auf chromatographischem Wege
in Vorbereitung

HEFT 271
Prof. Dr.-Ing. H. Opitz und Dipl.-Ing. H. Axer, Aachen
Beeinflussung des Verschleißverhaltens bei spanenden Werkzeugen durch flüssige und gasförmige Kühlmittel und elektrische Maßnahmen
in Vorbereitung

HEFT 272
Prof. Dr. W. Fuchs und Dr. H. Dresia, Aachen
Untersuchungen über die Schnellverbrennung und Schnellvergasung fester Brennstoffe
in Vorbereitung

HEFT 273
Fa. K. W. Tacke G.m.b.H., Wuppertal-Barmen
Erfahrungen beim Verspinnen von Perlonfasern und bei der Herstellung von Trikotagen aus gesponnenem Perlon
in Vorbereitung

HEFT 274
Prof. Dr.-Ing. K. Krekeler und Dipl.-Ing. H. Verhoeven, Aachen
Qualitative Untersuchungen bei Verbindungsschweißungen mittels Lichtbogenschweißautomaten unter Verwendung von Blankdraht und Zugabe von ferromagnetischem Pulver als Umhüllung
in Vorbereitung

HEFT 275
Prof. Dr.-Ing. K. Krekeler und Dipl.-Ing. H. Verhoeven, Aachen
Qualitative Untersuchungen von Punktschweißverbindungen an Tiefzieh- und Aluminiumblechen, die nach dem Argonarc-Punktschweißverfahren hergestellt werden
in Vorbereitung

HEFT 276
Fa. E. Haage, Mülheim (Ruhr)
Entwicklungsarbeiten im Apparatebau für Laboratorien
in Vorbereitung

HEFT 277
Dr.-Ing. W. Müchler, Essen
Untersuchung und zahlenmäßige Bestimmung der Schneideigenschaften von Messern mit besonderer Berücksichtigung rostfreier Messerstähle
in Vorbereitung

HEFT 278
Dipl.-Ing. J. Stelter und Dipl.-Ing. H. Kickert, Aachen
I. Sichtbarmachung von Ultraschallfeldern unter Verwendung photographischer Emulsionsschichten
II. Methode zur Bestimmung der wirklichen Temperaturverhältnisse in Flüssigkeiten während der Beschallung (Nach einer Diplom-Arbeit von H. Schnitzler)
in Vorbereitung

HEFT 279
Dr. F. Keune, Aachen
Der gewölbte und verwundene Tragflügel ohne Dicke in Schallnähe
in Vorbereitung

HEFT 280
Dipl.-Ing. J. Stelter und Dipl.-Ing. E. Pfende, Aachen
Über Störerscheinungen bei Schallgeschwindigkeitsmessungen mittels der Interferometermethode
in Vorbereitung

HEFT 281
Prof. Dr.-Ing. K. Lürenbaum, Aachen
Der Meßwagen des Instituts für Maschinen-Dynamik der Deutschen Versuchsanstalt für Luftfahrt, Aachen
in Vorbereitung

HEFT 282
Bergrat a. D. Scherer, Bochum
Das B.T.-Schwelverfahren und seine Anwendung auf der Anlage Marienau
in Vorbereitung

HEFT 283
Prof. Dr. F. Wever und Dr.-Ing. W. Lueg, Düsseldorf
Warmstauchversuche zur Ermittlung der Formänderungsfestigkeit von Gesenkschmiede-Stählen
in Vorbereitung

HEFT 284
Prof. Dr. F. Wever, Düsseldorf, Dr.-Ing. H. J. Wiester, Essen, Dr.-Ing. F. W. Straßburg, Duisburg, Prof. Dr.-Ing. H. Opitz, Aachen, und Dr.-Ing. K. H. Fröhlich, Köln
Einfluß des Gefüges auf die Zerspanbarkeit von Einsatz- und Vergütungsstählen
in Vorbereitung

HEFT 285
Prof. Dr.-Ing. O. Kienzle, Dr.-Ing. K. Lange, Hannover, und Dipl.-Ing. H. Meinert, Osterode
Einfluß der Oberfläche auf das Verschleißverhalten von Schmiedegesenken
in Vorbereitung

HEFT 286
Dr.-Ing. K. Lange, Hannover, Dipl.-Ing. H. Meinert, Osterode, unter Mitarbeit von Dr.-Ing. H. Arend, Mülheim (Ruhr)
Verschleißverhalten hartverchromter Schmiedegesenke
in Vorbereitung

HEFT 287
Prof. Dr.-Ing. K. Krekeler, Aachen
Änderungen der mechanischen Eigenschaftswerte thermoplastischer Kunststoffe bei Beanspruchung in verschiedenen Medien
in Vorbereitung

HEFT 288
Dr. K. Brücker-Steinkuhl, Düsseldorf
Anwendung mathematisch-statistischer Verfahren in der Industrie
in Vorbereitung

HEFT 289
Prof. Dr.-Ing. H. Winterhager, Aachen
Kombinierter Widerstands- und Lichtbogen-Vakuumofen zur Verarbeitung von Titanschwamm
Prof. Dr. Dr. h. c. R. Schwarz, Aachen
Erforschung neuer Wege zur Darstellung von Titanmetall
in Vorbereitung

HEFT 290
Dr. D. Horstmann, Düsseldorf
I. Der verstärkte Angriff des Zinks auf Eisen im Temperaturgebiet um 500° C
II. Einfluß eines Antimongehaltes auf den Angriff von Zinkschmelzen auf Eisen
in Vorbereitung

HEFT 291
Dr.-Ing. H. J. Wiester und Dr. D. Horstmann, Düsseldorf
Der Angriff eisengesättigter Zinkschmelzen auf silizium- und manganhaltiges Eisen
in Vorbereitung

HEFT 292
Dipl.-Ing. W. Rohs und Text.-Ing. H. Griese, Bielefeld
Webversuche an Leinenwebstühlen mit verbesserter Schaftbewegung
in Vorbereitung

HEFT 293
Prof. J. W. Korte, unter Mitarbeit von Dipl.-Ing. P. A. Mäcke und Dipl.-Ing. W. Leutzbach, Aachen
Die Leistungsfähigkeit von Verkehrsanlagen des motorisierten städtischen Straßenverkehrs
in Vorbereitung

HEFT 294
Dipl.-Ing. B. Naendorf, Essen
Untersuchungen industrieller Gasbrenner
in Vorbereitung

HEFT 295
Prof. Dr.-Ing. H. Opitz und Dipl.-Ing. H. Axer, Aachen
Untersuchung und Weiterentwicklung neuartiger elektrischer Bearbeitungsverfahren
in Vorbereitung

HEFT 296
Prof. Dr.-Ing. H. Opitz, Aachen
I. Untersuchungen an elektronischen Regelantrieben
II. Statistische Untersuchungen zur Ausnutzung von Drehbänken
in Vorbereitung

HEFT 297
Dr. K. Schaarwächter, Düsseldorf
Die Reduktion von Siliziumtetrachlorid im Lichtbogen zur nachfolgenden Silizierung von Eisenblechen
in Vorbereitung

HEFT 298
Prof. Dr.-Ing. E. Oehler, Aachen
Untersuchung von kritischen Drehzahlen, die durch Kreiselmomente verursacht werden
in Vorbereitung

HEFT 299
Dr. J. Fassbender und W. Hoppe, Bonn
Eine photoelektrische Nachlaufeinrichtung für Analogie-Rechenmaschinen
in Vorbereitung

HEFT 300
Prof. Dr. E. Schütz und Privatdozent Dr. H. Caspers, Münster
Tierexperimentelle Untersuchungen über die Alkoholwirkungen auf Erregbarkeit und bioelektrische Spontanaktivität der Hirnrinde
in Vorbereitung

HEFT 301
Prof. Dr. W. Weltzien, Dr. G. Cossmann und P. Diehl, Krefeld
Über die fraktionierte Füllung von Polyamiden (II)
in Vorbereitung

HEFT 302
Prof. Dr.-Ing. W. Wegener und Dipl.-Ing. Willi Zahn, Aachen
Untersuchungen von gesponnenen Garnen auf ihre Gleichmäßigkeit nach verschiedenen Meßmethoden
in Vorbereitung

HEFT 303
Prof. Dr.-Ing. S. Kiesskalt, Aachen
Das Institut für die Forschungsgesellschaft Verfahrenstechnik e. V. an der Technischen Hochschule Aachen
in Vorbereitung

HEFT 304
Prof. Dr.-Ing. K. Krekeler, Düsseldorf, und Dipl.-Ing. A. Kleine-Albers, Aachen
Beitrag zur thermoelastischen Warmformbarkeit von Hart PVC
in Vorbereitung

HEFT 305
Prof. Dr.-Ing. K. Krekeler, Düsseldorf, Dr.-Ing. H. Peukert, Aachen, und Dipl.-Ing. W. Schmitz, Siegburg
Heißgas-Schweißung von Hart-Polyvinylchlorid mit Zusatzwerkstoff
in Vorbereitung

HEFT 306
Prof. Dr. B. Rensch, Münster
Elektrophysiologische Untersuchungen zur Analysierung der Bildung von Assoziationen und Gedächtnisspuren in Gehirn und Rückenmark
Prof. Dr. A. Loeser, Münster
Akute und chronische Giftwirkungen sauerstoffhaltiger Lösungsmittel
in Vorbereitung

HEFT 307
Privatdozent Dr. J. Juilfs, Krefeld
Vergleichende Untersuchungen zur elastischen und bleibenden Dehnung von Fasern
in Vorbereitung

HEFT 308
Privatdozent Dr. J. Juilfs, Krefeld
Zur Messung der Fadenglätte
in Vorbereitung

HEFT 309
Prof. Dr. K. Cruse und Mitarbeiter, Clausthal-Zellerfeld
Aufbau und Arbeitsweise eines universell verwendbaren Hochfrequenz-Titrationsgerätes
in Vorbereitung

HEFT 310
Dr. P. F. Müller, Bonn
Die Integrieranlage des Rheinisch-Westfälischen Instituts für Instrumentelle Mathematik in Bonn
in Vorbereitung

HEFT 311
Prof. Dr. F. Wever und Dr. M. Hempel, Düsseldorf
Dauerschwingfestigkeit von Stählen bei erhöhten Temperaturen
Teil I: Erkenntnisse aus bisherigen Dauerschwingversuchen in der Wärme
in Vorbereitung

HEFT 312
Prof. Dr. F. Wever und Dr. M. Hempel, Düsseldorf
Dauerschwingfestigkeit von Stählen bei erhöhten Temperaturen
Teil II: Zug-Druck-Dauerschwingversuche an zwei warmfesten Stählen bei Temperaturen von 500 bis 650°
in Vorbereitung

HEFT 313
Prof. Dr. F. Wever, Dr. W. Koch und Dipl.-Phys. H. Rohde, Düsseldorf
Änderungen des Habitus und der Gitterkonstanten des Zementits in Chromstählen bei verschiedenen Wärmebehandlungen
in Vorbereitung

WESTDEUTSCHER VERLAG · KÖLN UND OPLADEN

HEFT 314
*Prof. Dr. F. Wever und Dr.-Ing. A. Krisch,
Düsseldorf, und Dr.-Ing. H.-J. Wiester, Essen*
Veränderungen im Gefügeaufbau von Chrom-Nickel-Molybdän-Stählen bei langzeitiger Beanspruchung im Zeitstandversuch bei 500°
in Vorbereitung

HEFT 315
*Prof. Dr. F. Wever und Dr.-Ing. A. Krisch,
Düsseldorf*
Metallkundliche Untersuchungen an Zeitstandproben
in Vorbereitung

HEFT 316
Dr. F. Keune, Aachen
Zusammenfassende Darstellung und Erweiterung des Aequivalenzsatzes für schallnahe Strömung
in Vorbereitung

HEFT 317
Dipl.-Ing. J. Stelter, Aachen
Mikrobiologische Ultraschallwirkungen
in Vorbereitung

HEFT 318
Dipl.-Ing. H. Kickert, Aachen
Über die Ausbreitung von Ultraschall in Luft
in Vorbereitung

HEFT 319
Prof. Dr. C. Kröger, Aachen
Gemengereaktionen und Glasschmelze
in Vorbereitung

HEFT 320
Dr. H.-E. Caspary, Köln
Verwendung von Szintillationszählern anstelle von Zählrohren zur zerstörungsfreien Materialprüfung
in Vorbereitung

HEFT 321
*Prof. Dr. F. Wever, Düsseldorf und
Dr. W. Wepner, Köln*
Gleichzeitige Bestimmung kleiner Kohlenstoff- und Stickstoffgehalte im α-Eisen durch Dämpfungsmessung
in Vorbereitung

HEFT 322
*Prof. Dr.-Ing. F. Bollenrath und
Dipl.-Ing. W. Domke, Aachen*
Eigenspannungen in vergüteten, dickwandigen Stahlzylindern nach Oberflächenhärtung mit induktiver Erwärmung
in Vorbereitung

HEFT 323
Prof. Dr. R. Seyffert, Köln
Wege und Kosten der Distribution der Textilien, Schuh- und Lederwaren
in Vorbereitung

HEFT 324
*Prof. Dr.-Ing. H. Opitz, Dr.-Ing. E. Saljé und
Dipl.-Ing. K. E. Schwartz, Aachen*
Richtwerte für das Außenrund-Längs- und Einstechschleifen
in Vorbereitung

HEFT 325
Prof. Dr. E. Schratz, Münster
Pharmakognostische Untersuchungen am Medizinal-Rhabarber
in Vorbereitung

HEFT 326
Prof. Dr.-Ing. E. Essers und Mitarbeiter, Aachen
Deichselkräfte an Lastzügen
in Vorbereitung

HEFT 327
*Prof. Dr.-Ing. K. Krekeler und
Dr.-Ing. H. Peukert, Aachen*
Beitrag zur thermoelastischen Formbarkeit von Polyäthylen
in Vorbereitung

HEFT 328
Dr. H. Maeder, Belo Horizonte
Schweißen von Temperguß
in Vorbereitung

HEFT 329
*Dipl.-Ing. A. Krüger, Karlsruhe, und
Feuerwehr-Ing. R. Radusch, Dortmund*
Wasserzerstäubung im Strahlrohr
in Vorbereitung

HEFT 330
Dipl.-Physiker E. Pepping, Aachen
Die Durchflußzahl des Rechteckschlitzes in einer sehr großen Wand
in Vorbereitung

HEFT 331
Dipl.-Ing. G. Bretschneider, Ruit
Die Messung der wiederkehrenden Spannung mit Hilfe des Netzmodelles
in Vorbereitung

HEFT 332
Prof. Dr.-Ing. R. Jaeckel und Dr. G. Reich, Bonn
Messung von Dampfdrucken im Gebiet unter 10^{-2} Torr
in Vorbereitung

HEFT 333
*Prof. Dipl.-Ing. W. Sturtzel und
Dr.-Ing. W. Graff, Duisburg*
I. Der Flachwassereinfluß auf den Form- und Reibungswiderstand von Binnenschiffen
II. Der Flachwassereinfluß auf die Nachstrom- und Sogverhältnisse bei Binnenschiffen
in Vorbereitung

HEFT 334
Prof. Dr. W. Weizel und Dr. G. Meister, Bonn
Spektralanalyse durch Messung des Interferenz-Kontrasts
in Vorbereitung

HEFT 335
Prof. Dr. W. Weizel und H. Hornberg, Bonn
Untersuchungen der anodischen Teile einer Glimmentladung
in Vorbereitung

HEFT 336
Dr. Tung-ping Yao, Aachen
Die Viskosität metallischer Schmelzen
in Vorbereitung

HEFT 337
Dr. R. Hoeppener und Dr. W. Bierther, Bonn
Tektonik und Lagerstätten im Rheinischen Schiefergebirge
in Vorbereitung

HEFT 338
*Prof. Dr.-Ing. W. Wegener, Aachen, und
Dipl.-Ing. J. Schneider, M.-Gladbach*
Die Bedeutung der Knotenart für die Herabminderung der Fadenbrüche
in Vorbereitung

HEFT 339
*Prof. Dr.-Ing. W. Wegener und
Dipl.-Ing. W. Zahn, Aachen*
Vergleich des normalen mit verschiedenen abgekürzten Baumwollspinnverfahren in bezug auf Gleichmäßigkeit und Sortierungsstreuung der Garne
in Vorbereitung

HEFT 340
*Dipl.-Ing. W. Rohs und Dipl.-Ing. R. Otto,
Bielefeld*
Das Naßspinnen von Bastfasergarnen mit Spinnbadzusätzen unter Ausnutzung einer zentralen Spinnwasserversorgungsanlage
in Vorbereitung

HEFT 341
Prof. Dr.-Ing. H. Winterhager und Dipl.-Ing. L. Werner, Aachen
Präzisions-Meßverfahren zur Bestimmung des elektrischen Leitvermögens geschmolzener Salze
in Vorbereitung

HEFT 342
Prof. Dr.-Ing. H. Winterhager und Dipl.-Ing. W. Barthel, Aachen
Die Gewinnung von Titanschlackenkonzentraten aus eisenreichen Ilemniten
in Vorbereitung

HEFT 343
Prof. Dr.-Ing. W. Petersen, Aachen, und Dipl.-Ing. S. Wawroschek, Aachen
Die zweckmäßigsten Gütebestimmungsverfahren und Brikettierungsbedingungen bei der Erzeugung von Braunkohlen-Eisenerz-Briketts
in Vorbereitung

HEFT 344
Prof. Dr.-Ing. W. Fucks, Aachen
Zur Deutung einfachster mathematischer Sprachcharakteristiken
in Vorbereitung

HEFT 345
Dipl.-Ing. G. Cerbe und Dipl.-Ing. H. Monstadt, Essen
Konvektive Trocknung mit gasbeheizter Luft und Trocknung durch Gasstrahler
in Vorbereitung

HEFT 346
Dipl.-Ing. O. Arnold, Aachen
Erfahrungen mit Kernbohrungen zur Lagerstättenuntersuchung im Erzbergbau
in Vorbereitung

HEFT 347
S. Ruff, F. Kipp, H. Hansteen und G. Müller, Bonn
Untersuchungen zur Frage der Gehörschädigungen des fliegenden Personals der Propellerflugzeuge
in Vorbereitung

WESTDEUTSCHER VERLAG · KÖLN UND OPLADEN

If you have any concerns about our products,
you can contact us on
ProductSafety@springernature.com

In case Publisher is established outside the EU,
the EU authorized representative is:
**Springer Nature Customer Service Center GmbH
Europaplatz 3, 69115 Heidelberg, Germany**

Printed by Libri Plureos GmbH
in Hamburg, Germany